回転体力学の基礎と制振

工学博士 石田 幸男
工学博士 池田 隆 共著

コロナ社

まえがき

　2001年にコロナ社から，著者らの所属した名古屋大学の研究を中心として回転機械の振動に関する内容をまとめた専門書「回転機械の力学」と題する本を出版した。幸い，多くの技術者や学生に読んでいただいたが，内容が専門的で，数学と力学の予備知識がないと十分理解できないとの声があった。さらに，特に企業の技術者からは，製品開発の観点から，回転機械の制振方法について勉強したいとの希望が出ていた。そこで初心者の学習を念頭において基礎的な事項をていねいに説明するとともに，各種の制振方法を解説した。その構成は，3次元空間内でのロータの運動を理解するために必要な数学と一般力学について記述し，それらを身に付けた後に回転機械の振動の基礎を学習する形式とした。そのような基礎事項は説明の流れから当然前著と重複する部分もあるが，新しい切り口から説明を加えたつもりである。前著と併せて読んでいただくと，回転体の振動に関する理解がさらに深まると思う。さらに回転機械の制振法については，著者らの研究も含め，各種の学術雑誌などで報告されている内容をまとめた。回転体の制振法に関する書籍はあまり見当たらないので，本書が振動でお困りの技術者の皆様のお役に立てれば，著者らの望外の喜びである。

　最後に，本書の出版に関してお世話になったコロナ社の皆様に，厚く御礼申し上げます。

2016年3月

著　者

目　　　次

1. 力学と数学の予備知識（その1）

1.1　ニュートンの法則 …………………………………………………………… *1*
1.2　質点の運動方程式 …………………………………………………………… *4*
1.3　剛体の運動方程式 …………………………………………………………… *4*
　1.3.1　固定軸まわりの回転運動 ……………………………………………… *5*
　1.3.2　平行軸の定理 …………………………………………………………… *7*
　1.3.3　剛体の平面運動 ………………………………………………………… *10*

2. 2自由度系のたわみ振動

2.1　無減衰系の振動 ……………………………………………………………… *12*
　2.1.1　運動方程式 ……………………………………………………………… *12*
　2.1.2　自由振動と固有角振動数 ……………………………………………… *15*
　2.1.3　強制振動 ………………………………………………………………… *20*
2.2　減衰系の振動 ………………………………………………………………… *24*
　2.2.1　運動方程式 ……………………………………………………………… *25*
　2.2.2　減衰自由振動 …………………………………………………………… *25*
　2.2.3　強制振動 ………………………………………………………………… *26*
　2.2.4　軸受部に減衰が作用する系の強制振動 ……………………………… *28*
2.3　危険速度通過時の非定常振動 ……………………………………………… *29*
　2.3.1　運動方程式 ……………………………………………………………… *30*
　2.3.2　一定角加速度で危険速度を通過する場合 …………………………… *30*

3. 力学と数学の予備知識（その2）

3.1 ベクトルとその演算 ………………………………………………… *33*
  3.1.1 ベクトルの定義 …………………………………………… *33*
  3.1.2 ベクトルの加法と減法 …………………………………… *34*
  3.1.3 ベクトルの内積（スカラー積） ………………………… *34*
  3.1.4 ベクトルの外積（ベクトル積） ………………………… *35*
  3.1.5 基本ベクトル ……………………………………………… *36*
3.2 行列と行列式 ………………………………………………………… *38*
  3.2.1 行列の定義 ………………………………………………… *38*
  3.2.2 行列の演算，その他 ……………………………………… *39*
3.3 座標軸の回転（2次元） …………………………………………… *43*
3.4 剛体の自由度と剛体の傾き角 ……………………………………… *44*
  3.4.1 オイラー角 ………………………………………………… *44*
  3.4.2 射影角と回転角 …………………………………………… *46*
3.5 質点の角運動量 ……………………………………………………… *46*
  3.5.1 角運動量 …………………………………………………… *46*
  3.5.2 回転に関する運動方程式 ………………………………… *47*
3.6 質点系の運動方程式 ………………………………………………… *51*
  3.6.1 各質点の運動方程式 ……………………………………… *51*
  3.6.2 重心の運動 ………………………………………………… *52*
  3.6.3 重心まわりの全角運動量 ………………………………… *52*
3.7 剛体の運動方程式 …………………………………………………… *54*

4. 2自由度系の傾き振動

4.1 無減衰系の自由運動 ……………………………………………… *56*
   4.1.1 運動方程式 ……………………………………………… *56*
   4.1.2 自由振動と固有角振動数 ……………………………… *63*
   4.1.3 ジャイロモーメント …………………………………… *64*
4.2 無減衰系の強制振動 ……………………………………………… *71*

5. 4自由度系と多円板系

5.1 たわみと傾きが連成する4自由度系の振動 …………………… *80*
   5.1.1 運動方程式 ……………………………………………… *80*
   5.1.2 自由振動 ………………………………………………… *83*
   5.1.3 強制振動 ………………………………………………… *86*
5.2 剛性ロータを柔らかいばねで支持した系 ……………………… *87*
   5.2.1 運動方程式 ……………………………………………… *87*
   5.2.2 自由振動と振動モード ………………………………… *89*
5.3 複数の円板をもつ系の危険速度の簡易計算法 ………………… *90*
   5.3.1 レイリーの方法（エネルギー法） …………………… *91*
   5.3.2 ダンカレーの公式 ……………………………………… *92*

6. 機械要素に起因する振動

6.1 玉軸受に起因する振動 …………………………………………… *93*
   6.1.1 転動体の直径の不ぞろいに起因する共振 …………… *94*
   6.1.2 転動体通過による振動 ………………………………… *97*
6.2 軸受台の剛性の方向差に起因する振動 ………………………… *99*

7. 釣合せ

7.1 釣合せの原理（剛性ロータ）······104
  7.1.1 一面釣合せ······104
  7.1.2 二面釣合せ······105
7.2 釣合い試験機（剛性ロータ）······107
  7.2.1 釣合い試験機（ハード型）······108
  7.2.2 釣合い試験機（ソフト型）······108
  7.2.3 不釣合いのさまざまな表現，その他······113
7.3 弾性ロータの釣合せ······116
  7.3.1 問題点と基本的な考え方······116
  7.3.2 モード釣合せ法······118
  7.3.3 影響係数法······123

8. 自励振動

8.1 自励振動の基本的性質（1自由度系）······129
  8.1.1 乾性摩擦が作用する系······129
  8.1.2 安定性解析······132
8.2 内部摩擦（履歴減衰）······133
  8.2.1 回転機械に発生する各種の摩擦······133
  8.2.2 履歴減衰と自励力の発生······134
  8.2.3 自励振動の解析（履歴減衰）······136
8.3 内部摩擦（構造減衰）······139
  8.3.1 構造減衰と自励力の発生······139
  8.3.2 自励振動の解析（構造減衰）······141
8.4 ラビング······145

8.4.1　ラビングの種類 …………………………………………… *145*
　8.4.2　ラビングのモデルと運動方程式 ……………………………… *146*
　8.4.3　数値シミュレーション ………………………………………… *147*
　8.4.4　実　験　結　果 ………………………………………………… *150*

9.　回転機械の制振

9.1　振動の種類と制振 …………………………………………………… *155*
　9.1.1　強制振動とその制振 …………………………………………… *155*
　9.1.2　自励振動とその制振 …………………………………………… *156*
9.2　強制振動の制振 ……………………………………………………… *157*
　9.2.1　回転体の釣合せ ………………………………………………… *157*
　9.2.2　共　振　の　回　避 …………………………………………… *157*
　9.2.3　粘性ダンパを利用した制振 …………………………………… *157*
　9.2.4　防振ゴムによる制振 …………………………………………… *158*
　9.2.5　重ね板ばねによる制振 ………………………………………… *160*
　9.2.6　動吸振器の定点理論を用いた制振 …………………………… *163*
　9.2.7　スクイズフィルムダンパ軸受を用いた制振 ………………… *166*
　9.2.8　不連続ばね特性を利用した制振 ……………………………… *167*
　9.2.9　ボールバランサを利用した制振 ……………………………… *172*
9.3　自励振動の制振 ……………………………………………………… *178*
　9.3.1　乾性摩擦に起因する自励振動の制振 ………………………… *178*
　9.3.2　接触に起因するラビングの制振 ……………………………… *182*

10.　振動計測データの処理

10.1　計測データの表示法 ………………………………………………… *186*
10.2　FFTによる周波数分析 …………………………………………… *191*

10.2.1	フーリエ級数	192
10.2.2	離散フーリエ級数	199
10.2.3	FFT分析を行う際の注意点	207

10.3　波形データ処理の回転軸系への応用 ……………………………… 211
　10.3.1　周波数分析における実数データから複素数データへの拡張……… 211
　10.3.2　複素数データを用いたFFT分析による周波数成分の分離処理…… 214

参　考　図　書 …………………………………………………………… 220
引用・参考文献 …………………………………………………………… 221
索　　　　引 ……………………………………………………………… 225

1

力学と数学の予備知識(その1)

回転体力学は力学の一分野であり,したがって回転体力学を理解するためには,一般力学の基礎を理解しておく必要がある。本章では,2章で学ぶたわみ振動を理解するために必要な剛体の平面運動の力学について復習する。

1.1 ニュートンの法則

物体をその大きさを無視し,全質量がその中心に集中した点として扱うとき,それを**質点**(point mass)という。ニュートンはこの質点の運動に関して,**ニュートンの運動の法則**(Newton's laws of motion)と呼ばれるつぎの三つの法則を確立した。

〔1〕 **第1法則(慣性の法則)**

「外から力を受けない質点は,その運動状態を変えず,等速直線運動をし続けるか,あるいは静止し続ける。」

簡単にいえば,この法則は力が加わらなければ現状維持されることを教えている。この第1法則が成立する座標系を**慣性系**(inertial coordinate system)という。例えば,静止している座標系や一定速度で動いている座標系は慣性系であるが,加速中の電車に固定した座標系は,力が働いていなくても質点は加速運動をするので慣性系ではない。

〔2〕第 2 法則(運動の法則)

「質点に力が加わって加速度が生じたとき,その加速度 $\vec{a}$ の大きさは,力 $\vec{F}$ の大きさに比例し,質点の質量 m に反比例する。」

この法則は,**図 1.1** のように,大きさの関係だけでなく,力の向きと加速度の向きが等しいことも含んでいる。したがって,数式ではベクトルを用いて

$$\vec{F} = m\vec{a} \tag{1.1}$$

と表現される。

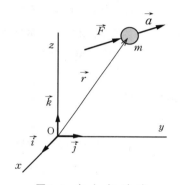
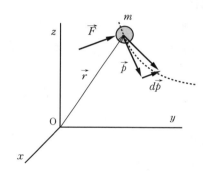

図 1.1 力と加速度　　　　**図 1.2** 力と運動量の変化

図 1.1 において,質点の位置は,始点を原点 O にとったベクトル $\vec{r}$ で表すことができる。このベクトルを位置ベクトルという。質点の速度は $\vec{v} = d\vec{r}/dt$,加速度は $\vec{a} = d^2\vec{r}/dt^2$ で与えられるから,式 (1.1) は

$$\vec{F} = m\frac{d^2\vec{r}}{dt^2} \tag{1.2}$$

と表すこともできる。

ニュートンは,この第 2 法則を運動の状態を表す量である**運動量** (momentum) を用いて表現した。質点の運動量 $\vec{p}\ (=m\vec{v})$ とは,質量 m と速度 $\vec{v}$ の積として定義されるベクトルである。物体が体に当たったとき,その質量が大きいほど,またその速度が大きいほど大きな怪我をする。したがって,質量と速度の積は「運動の勢い」を表す量として妥当なものといえる。この運動量を用いると,第 2 法則は

「質点の運動量が時間的に変化する割合は、質点に働いている力に等しい。」と表現され、数式では

$$\vec{F} = \frac{d\vec{p}}{dt} \tag{1.3}$$

と表現される。この関係を**図 1.2**に示す。質量が時間的に変化する場合には、質点の運動はこの式を用いて表さなければならない。もし質量 m が時間に対して一定ならば、$d\vec{p}/dt = md\vec{v}/dt = m\vec{a}$ となり、式(1.1)が得られる。

〔3〕 **第3法則（作用・反作用の法則）**

「二つの物体（質点）がたがいに力を及ぼすとき、その二つの力の大きさは等しく、方向は反対である。」

例えば、**図 1.3**(a)のように物体を机の上に置いたとき、物体には重力が働き、物体はその力で机を下向きに押すが、そのとき机は上向きに同じ大きさの力（抗力と呼ぶ）で物体を押し返している。また、図 (b) のように、この重力は地球の引力が原因であり、この反作用として、物体は地球を同じ大きさの力で引っ張っている。この法則は、「力は単独では存在できず、必ずペア（対）で存在する。」ことを教えている。

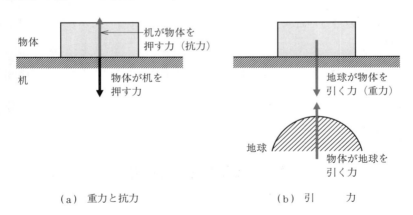

(a) 重力と抗力　　　　(b) 引　　力

図 1.3　作用と反作用

1.2 質点の運動方程式

第2法則は，もともと力を定義する表現である。すなわち，質点に加速度が生じたとき，そこには（見えないが）力が働いており，その大きさは式(1.1)で与えられることを教えている。しかし，本書では，われわれは既知の力が質点に働いたとき，どれほどの加速度で質点が運動するかという観点で解析を進める。このように運動を決めるという立場に立って，式(1.1)，(1.2)を質点の**運動方程式**（equation of motion）と呼ぶ。

質点の集まり，すなわち質点系の幾何学的位置を決めるのに必要な変数の数を**自由度**（degree of freedom）という。図1.1の質点は大きさをもたないので，その座標 x, y, z を与えれば系の状態が決まる。したがって，質点の自由度は3である。いま，図1.1の慣性系 O-xyz の座標軸の正方向に単位ベクトル $\vec{i}$, $\vec{j}$, $\vec{k}$ を考えると，力ベクトル $\vec{F}$ は $\vec{F}=F_x\vec{i}+F_y\vec{j}+F_z\vec{k}$，位置ベクトル $\vec{r}$ は $\vec{r}=x\vec{i}+y\vec{j}+y\vec{k}$ で表現できる。ここでそれらの係数を**成分**（component）という。力ベクトルと位置ベクトルは座標軸に関するこれらの成分を用いて，(F_x, F_y, F_z) あるいは (x, y, z) で表すこともある。これらの成分を用いれば，式(1.2)は

$$m\frac{d^2x}{dt^2}=F_x, \qquad m\frac{d^2y}{dt^2}=F_y, \qquad m\frac{d^2z}{dt^2}=F_z \tag{1.4}$$

と表される。運動方程式においては，通常の微分方程式の慣例に従い，微分項を左辺にもってくる。

1.3 剛体の運動方程式

一般に質点系では，各質点はそれぞれ異なった速度をもって移動しているが，各質点の相互の位置が変わらないとみなしてよい場合には，これを**剛体**（rigid body）と呼ぶ。大きさをもつ剛体では，力の大きさと方向が等しくて

も，力が加わる点が違えば，その作用も異なる．ここでは剛体の運動の簡単な場合として，一つの軸まわりの運動と平面運動について説明する．

1.3.1 固定軸まわりの回転運動

図 1.4(a) のように，ある直線まわりに回転する剛性ロータの運動を考える．剛体が回転以外の運動ができないとき，この直線を**固定軸**（fixed axis）と呼び，ここではこの直線に一致させた z 軸を考える．以下では，並進運動の方程式から回転運動の方程式を導く．

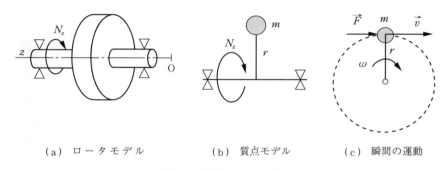

(a) ロータモデル　　(b) 質点モデル　　(c) 瞬間の運動

図 1.4　固定軸まわりの回転

便宜上，このロータを，質量が無視できる剛性軸から長さ r の腕が直角に出ており，その先端に質量 m の質点が付いている図 (b) のモデルに置き換える．この軸まわりにモーメント N_z を加えると，質点は図 (c) の破線のような円軌道を描きながらだんだんと速くなっていく．この運動は，ある瞬間では運動量 $p = mv$ をもつ質点が腕から力 F（$= N_z/r$）を受けて接線方向に直線運動をしていると考えることができる．すると運動方程式は $m\,dv/dt = F$ となる．両辺に半径 r を掛け，軸の角速度を ω とすると，$v = r\omega$ であるので

$$rm\frac{dv}{dt} = rF \quad \therefore\ mr^2 \frac{d\omega}{dt} = N_z \tag{1.5}$$

となる．ここで $mr^2 = I_z$ とおくと

$$I_z \frac{d\omega}{dt} = N_z \tag{1.6}$$

となる。I_z を z 軸まわりの**慣性モーメント**（moment of inertia）と呼ぶ。これは並進運動の質量 m に相当し、質量が"並進運動における変化のしにくさ"を表す物理量であると同様、I_z は"回転運動における変化のしにくさ"を表す物理量である。

剛体が**図1.5**(a)のように n 個の質点からなる剛体の場合は、z 軸に直角に x 軸と y 軸を考え、質量 m_i（$i=1\sim n$）の座標を (x_i, y_i) とすると、慣性モーメントは

$$I_z = \sum_{i=1}^{n} m_i r_i^2 = \sum_{i=1}^{n} m_i \left(x_i^2 + y_i^2 \right) \tag{1.7}$$

となる。さらに、図(b)のように質量が分布する剛体の場合には

$$I_z = \int r^2 dm \tag{1.8}$$

となる。なお、剛体の質量を M を使って、慣性モーメントを

$$I_z = M\kappa^2 \tag{1.9}$$

と表すことがある。この κ は長さの次元をもち、**回転半径**（radius of gyration）と呼ばれる。これは剛体の全質量が軸から直角に長さ κ の位置に集中した系と考えた場合に対応する。

式(1.6)において

$$L_z = I_z \omega \tag{1.10}$$

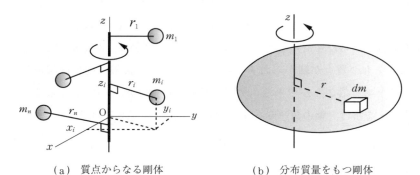

(a) 質点からなる剛体 　　　(b) 分布質量をもつ剛体

図1.5 剛体と慣性モーメント

とおく。これは並進運動の運動量に相当し，**角運動量**（angular momentum）と呼ばれる。これを用いると式(1.6)は

$$\frac{dL_z}{dt} = N_z \tag{1.11}$$

と表される。式(1.6)および式(1.11)は，z軸まわりの回転の運動方程式である。

例題 1.1 図1.6のような質量 m，半径 R，厚さ h の円柱の中心軸まわりの慣性モーメント I_p を求めよ。

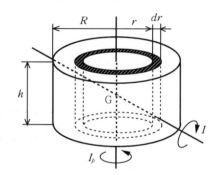

図1.6 円柱の中心軸まわりの慣性モーメント I_p

【**解答**】 円柱の中心軸から半径 r と $r+dr$ の間にある薄い管状部を考えると，その質量は $dm = \rho 2\pi r h dr$ である。ここに，ρ は円柱の密度である。慣性モーメントは，式(1.8)より

$$I_p = 2\pi \rho h \int_0^R r^3 dr = \frac{1}{2}\pi \rho h R^4 = \frac{1}{2}mR^2 \qquad \diamondsuit$$

1.3.2 平行軸の定理

機械を構成している部品では，必ずしもその重心 G を通る軸のまわりに回転するとはかぎらない。このような場合，その軸まわりの慣性モーメントを計算する必要があるが，基本形状の重心を通る軸まわりの慣性モーメントが既知である場合には，その値を利用して簡便に求めることができる。

いま，**図1.7**において，点 P に質量 dm の微小要素を考える。任意の点 O を原点とする座標系において点 P の座標を (x, y, z) とすると，点 O を通る z 軸

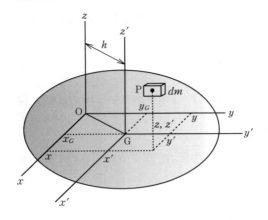

図 1.7 平行軸の定理

まわりの慣性モーメント I は式 (1.8) より

$$I = \int (x^2 + y^2) dm \tag{1.12}$$

である。

いま，重心 G の座標を (x_G, y_G, z_G)，G に原点をもつ座標系での点 P の座標を (x', y', z') とすると，$x = x_G + x'$，$y = y_G + y'$ の関係がある。これを式 (1.12) に代入すると

$$I = \int \{(x_G + x')^2 + (y_G + y')^2\} dm$$
$$= \int (x_G^2 + y_G^2) dm + \int (x'^2 + y'^2) dm + 2\int (x_G x' + y_G y') dm \tag{1.13}$$

となる。ここで，各項について変形する。まず第 1 項では，回転の中心軸となる z 軸と重心を通る z' 軸の距離を h とすると $x_G^2 + y_G^2 = h^2$ であり，それを積分の外に出すと，積分 $\int dm$ は全体の質量 m を表す。第 2 項は重心を通る z' 軸まわりの慣性モーメント I_G であり，これは既知であるとする。第 3 項において x_G，y_G を積分の外に出すと $\int x' dm$，$\int y' dm$ は重心の定義から零となる。以上のことから

$$I = mh^2 + I_G \tag{1.14}$$

の関係を得る。これを**平行軸の定理**（parallel axis theorem）という。この定理を用いれば，重心を通る軸まわりの慣性モーメントを求めておけば，それと平行な軸のまわりの慣性モーメントを簡単に求めることができる。

例題 1.2 例題 1.1 の図 1.6 において，質量 m，半径 R，長さ h の円柱の重心 G を直径方向に通る対称軸まわりの慣性モーメント I を，つぎの手順で求めよ．

(1) **図 1.8**(a) のような半径 R，厚さ dz，質量 dm（$=mdz/h$）の薄い円板の直径方向の対称軸（x 軸と一致）まわりの慣性モーメントを求めよ．なお，積分に関して，半径 r と $r+dr$，角度 θ と $\theta+d\theta$ の間の微小要素の質量 $d\overline{m}$ を考えて積分せよ．

(2) 図(b)において，薄い円板を z の位置に考え，平行軸の定理を用いて，円柱の重心を通る直径まわりの慣性モーメント I を求めよ．

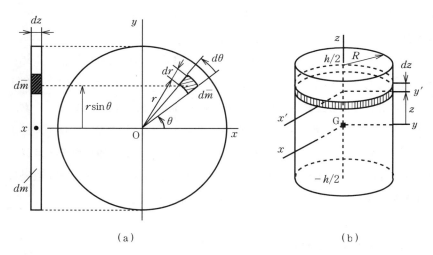

(a) (b)

図 1.8 円柱の直径まわりの慣性モーメント I

【解答】
(1) 円板は十分薄いと仮定すると，x 軸まわり慣性モーメントは

$$dI_x = \int_0^{2\pi} \int_0^R (r\sin\theta)^2 d\overline{m} = \int_0^{2\pi} \int_0^R (r\sin\theta)^2 \frac{rd\theta \cdot dr}{\pi R^2} dm$$

$$= \frac{dm}{\pi R^2} \int_0^{2\pi} \sin^2\theta \left(\int_0^R r^3 dr \right) d\theta = \frac{dm}{\pi R^2} \left[\frac{r^4}{4} \right]_0^R \int_0^{2\pi} \frac{1-\cos 2\theta}{2} d\theta$$

$$= \frac{dm}{\pi R^2} \frac{R^4}{4} \left[\frac{1}{2}\theta - \frac{\sin 2\theta}{4} \right]_0^{2\pi} = \frac{1}{4} R^2 dm \qquad (1)$$

(2) 薄い円板の中心を通り，x 軸に平行に距離 z だけ離れた x' 軸を考える。x' 軸まわりの慣性モーメントは，式 (1) より $dI'_x = R^2 dm/4$，$dm = mdz/h$ であるから，平行軸の定理より x 軸まわりの慣性モーメントは

$$dI_x = dI'_x + dm \cdot z^2 = \frac{m}{h}\left(\frac{R^2}{4} + z^2\right)dz \tag{2}$$

円柱全体で積分すると

$$I = I_x = \frac{mR^2}{4h}\int_{-h/2}^{h/2} dz + \frac{m}{h}\int_{-h/2}^{h/2} z^2 dz = m\left(\frac{R^2}{4} + \frac{h^2}{12}\right) \tag{3}$$

◇

この例題の円柱について考えてみる。円柱の中心軸（図 1.8 (b) の z 軸）をコマの軸にとり，そのまわりに回転させるとコマは静かに回転することをわれわれは経験している。しかし，安定に回る回転軸はこれだけでなく，円柱の重心を通り，直径を回転軸にとっても回転可能である。

一般に，どのような形状の剛体でも，ある特別な方向に直交 3 軸を定めれば，それらの軸まわりの回転は他の軸まわりの回転を伴わず，安定に回転する。この 3 軸を**慣性主軸** (principal axis of moment of inertia) という。なお，この円柱の場合は，重心 G を通る直径に関する主軸はどの方向にとってもよい。円柱の場合，回転の中心軸まわりの慣性モーメントを**極慣性モーメント** (polar moment of inertia)，それと直角な軸まわりの慣性モーメントを**直径に関する慣性モーメント** (diametral moment of inertia) という。

1.3.3 剛体の平面運動

質点系の運動を論じるとき，重心の運動は比較的簡単に求められるので，その運動を重心の運動と，これに相対的な運動に分けて考えることが多い。同様に，<u>「剛体の平面運動は，重心の並進運動と，重心まわりの回転運動に分けて考える」</u>と便利である。

図 1.9 のように，剛体がある一つの平面内で運動する場合を考える。このとき剛体の位置は，重心 G の位置 (x_G, y_G) と，重心 G を通り平面に平行な剛体中の直線 GA が x 軸となす角 ψ によって決められる。そうすると，剛体の位置

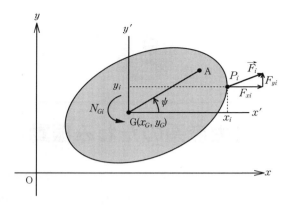

図1.9 平面運動をする剛体

は x_G, y_G, ψ の三変数によって与えられる。この剛体に，n 個の力 $\vec{F_i}(F_{xi}, F_{yi})$ と m 個のトルク N_{Gi} が加わっているとすると，剛体の運動は，重心 G の並進運動の式

$$m\frac{d^2 x_G}{dt^2} = \sum_i F_{xi}, \qquad m\frac{d^2 y_G}{dt^2} = \sum_i F_{yi} \tag{1.15}$$

と，重心 G まわりの回転運動の式

$$I_G \frac{d^2 \psi}{dt^2} = N_G \tag{1.16}$$

によって求めることができる。ここに，N_G は剛体の重心まわりに加わる全モーメントであり

$$N_G = \sum_i N_{Gi} + \sum_i \left(x'_i F_{yi} - y'_i F_{xi} \right) \tag{1.17}$$

で与えられる。

2 自由度系のたわみ振動

 回転機械の中で，回転軸やそれに取り付けられた円板などの回転する部分を**ロータ**（rotor）という。回転機械のロータには，さまざまな原因によって振動が発生する。もし弾性回転軸の中央に円板を取り付けた場合には，回転軸はたわみ，円板は前章で述べたような平面運動を行う。回転軸がたわんだ状態で縄跳びの縄のように公転運動をするとき，これを**ふれまわり運動**（whirling motion）という。本章では，たわみ振動が発生する場合の基本的な特性を解説する。

2.1 無減衰系の振動

 実際の系ではつねに減衰力が作用するが，この節では，簡単のため減衰力が作用しない場合を考える。

2.1.1 運動方程式
〔1〕 **ロータの角速度の変動を考慮した場合**　　図 2.1 は，鉛直な弾性回転軸の中央に取り付けられた円板が，上下の軸受の中心を結んだ線（軸受中心線）に垂直な平面内で平面運動をするモデルを示す。弾性回転軸は上下端で単純支持されており，またその質量は無視できると仮定する。円板がふれまわる平面内に直交座標系 O-xyz の x, y 軸，軸受中心線と一致させて z 軸をとる。避けがたい製作誤差や円板の質量不均一のため，円板の重心 G(x_G, y_G) は回転軸の中心 S(x_s, y_s) からわずかにずれている。このずれを**偏重心**（eccentricity）

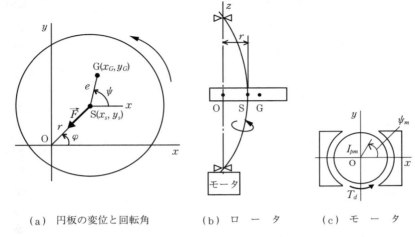

(a) 円板の変位と回転角　　(b) ロータ　　(c) モータ

図 2.1　減衰のない場合のたわみ振動のモデル

と呼び，その大きさを e で表す．なお，この偏重心 e は**静不釣合い**（static unbalance）とも呼ばれる．回転軸のたわみに対するばね定数を k，ねじりに対するばね定数を k'，円板の質量を m，円板の重心 G まわりの極慣性モーメントを I_p，モータの回転子の重心まわりの極慣性モーメントを I_{pm} とする．時刻 t における円板の重心の方向 SG の回転角を ψ，モータの回転子の回転角を ψ_m とすると，回転軸のたわみによる復元力は $\vec{F}(-kx_s, -ky_s)$，ねじりによる復元モーメントは $-k'(\psi - \psi_m)$ と表される．

　1.3.3 項で述べたように，剛体の平面運動は，重心の並進運動と重心まわりの回転運動に分けて考えることができる．前者はロータのたわみ振動に対応する．この振動を支配する運動方程式は，式 (1.15) より

$$m\ddot{x}_G = -kx_s, \quad m\ddot{y}_G = -ky_s \tag{2.1}$$

となる．つぎに，後者はロータのねじり振動を発生させる．その運動は，式 (1.16) より

$$\left.\begin{array}{l} I_p\ddot{\psi} = -k'(\psi - \psi_m) - ke(x_s\sin\psi - y_s\cos\psi) \\ I_{pm}\ddot{\psi}_m = -k'(\psi_m - \psi) + T_d \end{array}\right\} \tag{2.2}$$

によって支配される。ここに，T_d はモータの電磁力によって与えられる駆動トルクである。この式から $k'(\psi - \psi_m)$ を消去すると

$$I_p \ddot{\psi} + I_{pm} \ddot{\psi}_m + ke(x_s \sin\psi - y_s \cos\psi) = T_d \tag{2.3}$$

となる。重心 $G(x_G, y_G)$ と軸中心 $S(x_s, y_s)$ は独立ではなく，両者の間に関係

$$\left. \begin{array}{l} x_G = x_s + e\cos\psi \\ y_G = y_s + e\sin\psi \end{array} \right\} \tag{2.4}$$

があるので，これを式(2.1)に代入すれば，変数 x_s と y_s で表すことができる。なお，以下では表記の簡単のため，軸中心の変数から添字 s をとり x, y で表すことにする。

$$\left. \begin{array}{l} m\ddot{x} + kx = me\dot{\psi}^2 \cos\psi + me\ddot{\psi}\sin\psi \\ m\ddot{y} + ky = me\dot{\psi}^2 \sin\psi - me\ddot{\psi}\cos\psi \end{array} \right\} \tag{2.5}$$

さらに弾性回転軸のねじり変形が無視できる場合には，$\psi = \psi_m$ となるので，式(2.3)は

$$(I_p + I_{pm})\ddot{\psi} + ke(x\sin\psi - y\cos\psi) = T_d \tag{2.6}$$

となる。結局，ねじり変形が無視できる弾性回転軸に駆動トルク T_d が作用する系の運動は式(2.5)と式(2.6)によって支配される。もし $T_d > 0$ であれば，回転軸が加速されつつ振動する系となる。

〔2〕 **ロータの角速度が一定の場合**　駆動トルク T_d を適当に制御してロータを一定角速度 $\dot{\psi} = \omega$ で回転させたとする。円板の回転角を $\psi = \omega t + \psi_0$ で表し，偏重心の方向 SG が x 軸と一致した時刻を $t = 0$ とすると，$\psi_0 = 0$ となり，式(2.5)は次式となる。

$$\left. \begin{array}{l} m\ddot{x} + kx = me\omega^2 \cos\omega t \\ m\ddot{y} + ky = me\omega^2 \sin\omega t \end{array} \right\} \tag{2.7}$$

右辺は偏重心 e により現れた周期的励振力であり，**不釣合い力**（unbalance force）と呼ばれる。その大きさは角速度 ω の2乗に比例しており，角速度が増すとその力の大きさが急激に増加することがわかる。

円板が弾性回転軸の中央に取り付けられた系で，その運動が式(2.7)で表さ

れるたわみ振動のモデルは，その不釣合い応答を最初に解析したジェフコット（Henry H. Jeffcott）の名前をとり，**ジェフコットロータ**（Jeffcott rotor）と呼ばれる．

物理学において，物体が回転する速さは1秒当りの回転角によって表すことができる．多くの場合，その単位はラジアン毎秒〔rad/s〕あるいは〔s^{-1}〕を用いる．この回転の速さに方向と向きも含めベクトル量 $\vec{\omega}$ を**角速度**（angular velocity）という．この向きとはその角速度が示す回転方向に回転させたとき，右ねじの進む方向とする．角速度 $\vec{\omega}$ の大きさ ω を表すスカラー量は**角振動数**（angular frequency）と呼ばれる[†]．なお，英語では並進運動に対応した「angular speed」という用語が用いられるが，日本語では「角速さ」という用語は用いられていない．1回転するのにかかる時間，すなわち周期を T〔s〕，この回転運動の直線上への射影が1秒間に往復する回数，すなわち通常の振動数を f〔Hz〕とすると $\omega = 2\pi/T = 2\pi f$ の関係がある．

回転機械の分野では，回転の速さを単位時間当りの回転数である**回転速度**（rotational speed）で表すことも多い（速度といっても，ベクトル量ではなく，英語で speed と書かれているように実際はスカラー量である）．その単位は SI 単位系では〔s^{-1}〕（毎秒）であるが，併用単位として〔min^{-1}〕（毎分）も用いられている．実用的には revolution per minute や rotation per minute の略である rpm，あるいは同様に秒（second）について表した rps が多く用いられる．角振動数を記号 ω〔rad/s〕，回転速度を記号 n〔rpm〕で表すと，$n = 60\omega/(2\pi)$ の関係がある．

2.1.2 自由振動と固有角振動数

偏重心がない場合の運動方程式は，式 (2.7) より

$$\left.\begin{array}{l} m\ddot{x} + kx = 0 \\ m\ddot{y} + ky = 0 \end{array}\right\} \qquad (2.8)$$

[†] スカラー量である ω を角速度，ベクトル量である $\vec{\omega}$ を角速度ベクトルと使い分けることも多い．

となる.このように時間を陽に含まない微分方程式は,斉次方程式あるいは同次方程式と呼ばれる.この式では x 方向と y 方向の振動は連成しないので,それぞれ独立な1自由度系の式となる.振動学の知識から,それぞれの自由振動解はつぎのように得られる.

$$\left.\begin{array}{l} x = A\cos(p_0 t + \alpha) \\ y = B\cos(p_0 t + \beta) \end{array}\right\} \quad (2.9)$$

ここに, $p_0 = \sqrt{k/m}$ であり, x, y 方向の振動はいずれも同じ角振動数 p_0 をもつ.この値は系の寸法で決まるので,**固有角振動数**(natural angular frequency)とよばれる.A, B, α, β は任意定数で,四つの初期条件(x, y 方向の初期位置と初期速度)から決まる.

例題 2.1 図 2.2 に示す両端単純支持されたジェフコットロータでは,質量 $m = 8$ kg の円板が,直径 $d = 16$ mm,長さ $l = 600$ mm,ヤング率 $E = 206$ GPa の弾性回転軸の中央に取り付けられている.以下の問に答えよ.なお,回転軸の質量,系の減衰,重力の作用は無視する.

(1) 固有角振動数 p_0 を求めよ.
(2) 時刻 $t = 0$ のとき回転軸の中心点 S は $x = 1$ mm, $y = 0$ mm の位置にあり,速度 $v = 100$ mm/s で y の正方向へ動いている.ふれまわり軌道を描き,点 S がその後 y 軸を横切るときの位置と速度を求めよ.なお,両端が単純支持された弾性回転軸のばね定数は $k = 48EI_0/l^3$ で与えられる.こ

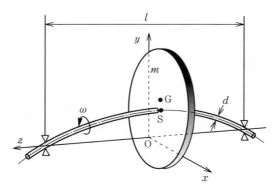

図 2.2 ジェフコットロータ

ここに，I_0 は回転軸の断面二次モーメントである。

【解答】
(1) 材料力学の知識より，弾性軸の断面二次モーメントは
$$I_0 = (\pi/64)d^4 = (\pi/64) \times 0.016^4 = 3.22 \times 10^{-9} \text{ m}^4$$
ばね定数は
$$k = \frac{48EI_0}{l^3} = \frac{48 \times (206 \times 10^9) \times (3.22 \times 10^{-9})}{0.6^3} = 1.474 \times 10^5 \text{ N/m}$$
となる。したがって，固有角振動数は
$$p_0 = \sqrt{\frac{k}{m}} = \sqrt{\frac{1.474 \times 10^5}{8}} = 135.7 \text{ rad/s} \tag{1}$$

(2) 初期条件を式(2.9)に代入すると
$$\begin{aligned} 1 &= A\cos\alpha \text{ [mm]}, & 0 &= -Ap_0\sin\alpha \text{ [mm/s]}, \\ 0 &= B\cos\beta \text{ [mm]}, & 100 &= -Bp_0\sin\beta \text{ [mm/s]} \end{aligned} \tag{2}$$
これから
$$A = 1 \text{ mm}, \quad \alpha = 0, \quad \beta = \frac{3\pi}{2}, \quad B = \frac{100 \text{ mm/s}}{135.7 \text{ rad/s}} = 0.737 \text{ mm} \tag{3}$$
が求められる。これらの値を用いると，式(2.9)は
$$x = 1\cos p_0 t \text{ [mm]}, \quad y = 0.737\sin p_0 t \text{ [mm]} \tag{4}$$
となる。したがって，この運動は**図2.3**に示すような楕円運動となる。y軸を横切る時刻は $\cos p_0 t = 0$ より，$p_0 t = \pi/2$ となり，このとき $\sin p_0 t = 1$。そのときの速度は $\dot{x} = -Ap_0\sin p_0 t = -1 \times 135.7 \times 1 = -135.7$ mm/s となる。 ◇

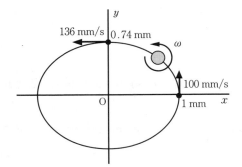

図2.3 楕円軌道のふれまわり運動

一般に，楕円運動は，たがいに逆向きに回る二つの円運動の重ね合わせとして表すことができる。これをつぎの例題を使って説明する。

例題 2.2 式 (2.9) において，$\alpha = 0$，$\beta = -\pi/2$ のとき，その運動を円運動に分解せよ．

【解答】 このとき，式 (2.9) は
$$x = A\cos p_0 t, \qquad y = B\sin p_0 t \tag{1}$$
となる．これを変形すると
$$\left. \begin{array}{l} x = A\cos p_0 t = \dfrac{1}{2}(A+B)\cos p_0 t + \dfrac{1}{2}(A-B)\cos(-p_0)t \\[6pt] y = B\sin p_0 t = \dfrac{1}{2}(A+B)\sin p_0 t + \dfrac{1}{2}(A-B)\sin(-p_0)t \end{array} \right\} \tag{2}$$
となる．したがって，この楕円運動は，図 2.4 に示すように，半径 $(A+B)/2$，角振動数 p_0 の反時計まわりの運動と，半径 $(A-B)/2$，角振動数 p_0 の時計まわりの運動に分かれることがわかる． ◇

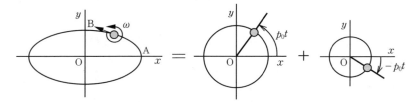

図 2.4 ふれまわり運動の円運動への分解

上記の例題に基づき，改めてふれまわり運動を調べよう．その運動の成分である円運動をつぎのように仮定する．
$$\left. \begin{array}{l} x = A\cos(pt + \alpha) \\ y = A\sin(pt + \alpha) \end{array} \right\} \tag{2.10}$$
これを運動方程式 (2.8) に代入し，$\cos(pt+\alpha)$，$\sin(pt+\alpha)$ の係数両辺比較すると
$$k - mp^2 = 0 \tag{2.11}$$
を得る．この式は**振動数方程式** (frequency equation) と呼ばれる．この式から
$$p = \pm\sqrt{\dfrac{k}{m}} \quad (=\pm p_0) \tag{2.12}$$
を得る．往復振動系では角振動数の符号には意味がないが，式 (2.12) の値を解 (2.10) に代入すると，正の場合は反時計まわり，負の場合は時計まわりの円運動を表すことがわかる．図 2.1 において，回転軸の自転方向は反時計まわ

りに定義したので，自転と同じ方向である前者の運動を**前向きふれまわり運動**（forward whirling motion），逆方向である後者の運動を**後ろ向きふれまわり運動**（backward whirling motion）という．

式 (2.12) の値は定数であるが，一般的には固有角振動数は回転角振動数 ω の関数である（例えば，後述の式 (4.29) 参照）．そこで，ロータの運動を解析するとき，ふれまわり運動の固有角振動数 p を軸の回転角振動数 ω の関数としてグラフに表すことが多い．この 2 自由度系のたわみ振動の場合は，**図 2.5** のようになる．これを固有角振動数線図という．

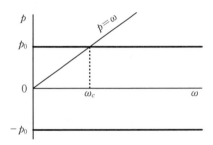

図 2.5 固有角振動数線図
（2 自由度系のたわみ振動）

┌ノート┐

複素数を用いた解法

式 (2.8) を解くとき，x, y 方向の式が独立であることからそれらを別々に解いたが，ここでは複素数を利用した解法を説明する．回転体がふれまわる xy 平面を複素平面と対応させると，複素数の演算法則を利用することができるので便利である．いま $w = x + jy$（$j = \sqrt{-1}$ は虚数単位）とおいた複素数 w を導入すると，運動方程式 (2.8) は

$$m\ddot{w} + kw = 0 \qquad (2.13)$$

となる．微分方程式の理論によれば，ある関数とその導関数との総和が零となる式 (2.13) を満たす一般解は指数関数で表されることが知られている．そこで，解を

$$w = We^{\lambda t} \qquad (2.14)$$

とおく．ここに，W は複素定数である．この解を式 (2.13) に代入すると

$$m\lambda^2 + k = 0 \qquad (2.15)$$

$$\therefore \ \lambda = \pm j\sqrt{k/m} = \pm jp_0 \tag{2.16}$$

を得る。したがって自由振動の一般解は $\lambda_1 = +jp_0$, $\lambda_2 = -jp_0$ とおくと

$$w = W_1 e^{\lambda_1 t} + W_2 e^{\lambda_2 t} \tag{2.17}$$

となる。ここで W_1, W_2 を極形式

$$W_1 = R_1 e^{j\alpha_1}, \qquad W_2 = R_2 e^{j\alpha_2} \tag{2.18}$$

とおく。ここで，R_1, α_1, R_2, α_2 は実数である。これを用いると

$$w = R_1 e^{j(p_0 t + \alpha_1)} + R_2 e^{j(-p_0 t + \alpha_2)} \tag{2.19}$$

となる。オイラーの公式 $e^{i\theta} = \cos\theta + j\sin\theta$ を用いて式 (2.19) を実部と虚部に分けると

$$\left. \begin{array}{l} x = R_1 \cos(p_0 t + \alpha_1) + R_2 \cos(-p_0 t + \alpha_2) \\ y = R_1 \sin(p_0 t + \alpha_1) + R_2 \sin(-p_0 t + \alpha_2) \end{array} \right\} \tag{2.20}$$

を得る。これは例題 2.2 の結果と一致する。

2.1.3 強 制 振 動

この項では，偏重心 e に起因して発生する振動について解析する。用いる運動方程式は式 (2.7) である。自由振動を支配する式 (2.8) と比較すると，後者には時間を陽に含む項がないが，前者には右辺に時間の関数が陽に含まれている。一般に，時間に依存する項や定数項を含む微分方程式を非斉次方程式という。微分方程式論によれば，「非斉次方程式の一般解は，斉次方程式の一般解と非斉次方程式の特解の和」となる。振動学の立場では，前者は自由振動解，後者は強制振動解に対応する。特解（強制振動解）はどのような方法で見つけてもよい。ここでは減衰を考えていないが，実際の系では減衰があるので自由振動解は時間がある程度たてば消え，強制振動解だけが残ることになる。

さて，式 (2.7) の特解を見つけるにあたり，われわれは実験結果から解の形を予想して，つぎのように円運動を仮定する。

$$\left. \begin{array}{l} x = R\cos(\omega t + \alpha) \\ y = R\sin(\omega t + \alpha) \end{array} \right\} \tag{2.21}$$

これを式 (2.7) の第 1 式に代入し，$\cos\omega t$ あるいは $\sin\omega t$ の係数を比較すると次式を得る。

$$(k - m\omega^2)R = me\omega^2 \cos\alpha, \qquad 0 = me\omega^2 \sin\alpha \tag{2.22}$$

これから，$\omega < p_0$ のときは

$$R = \frac{me\omega^2}{k - m\omega^2} = \frac{e\omega^2}{p_0^2 - \omega^2}, \qquad \alpha = 0 \tag{2.23}$$

$\omega > p_0$ のときは

$$R = \frac{me\omega^2}{|k - m\omega^2|} = \frac{e\omega^2}{|p_0^2 - \omega^2|}, \qquad \alpha = -\pi \tag{2.24}$$

のように振幅 R と位相角 α が求まる．角速度 ω に対する振幅と位相角の変化を表す**応答曲線**（response curve）を**図 2.6** に示す．図（a）では，振幅 R は $\omega = 0$ のとき零，$\omega = p_0$ のとき ∞，$\omega \to \infty$ のとき $R \to e$ となる．R が急激に大きくなる角速度 $\omega = p_0$ を**危険速度**（critical speed）といい，記号 ω_c で表す．この危険速度は，図2.5で直線 $p = \omega$ を引いたとき，曲線 $p = p_0$ との交点の横座標で与えられる．位相角の変化を図（b）に示す．危険速度より低速側では $\alpha = 0$，危険速度より高速側では $\alpha = -\pi$ である．

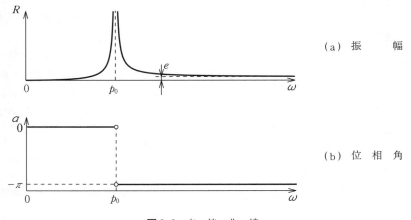

図2.6 応 答 曲 線

さらに，図2.6を基に原点 O，軸中心 S，重心 G の位置関係を調べると，**図 2.7** のようになる．減衰がない場合には原点 O，軸中心 S，重心 G は一直線上に並ぶが，危険速度より低速側では重心 G が軸中心 S より外側（図（a）），危険速度より高速側では重心 G が軸中心 S より内側（図（b）），さらに回転速度

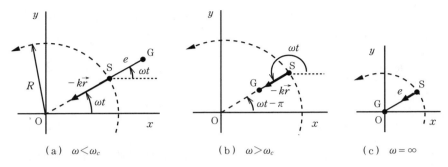

図 2.7 回転軸中心 S と重心 G の位置とふれまわり軌道

が無限大になると $R=e$ となって，重心 G は原点 O と一致する（図（c））。一般に偏重心 e は非常に小さいので，非常に速い回転速度領域では回転体は静粛に運転される。この性質を**自動調心性**（self-centering）という。

ノート

遠心力とコリオリの力

ここでは重心と形心の区別を明示するため，回転軸中心 S の座標を再び (x_s, y_s) で表す。運動方程式 (2.1) を再記すると

$$m\ddot{x}_G = -kx_s, \qquad m\ddot{y}_G = -ky_s \tag{2.25}$$

となる。なお，これは静止している座標系である慣性系に対して成立する式である。いま，**図 2.8**(a) のように，慣性系 O-xy に対して一定の角速度 ω で回転する座標系 O-$x'y'$ を考え，この座標系の上でロータの運動を考えてみる。点 G の座標 (x_G, y_G) と (x'_G, y'_G) の間には

$$\left.\begin{array}{l} x_G = x'_G \cos\omega t - y'_G \sin\omega t \\ y_G = x'_G \sin\omega t + y'_G \cos\omega t \end{array}\right\} \tag{2.26}$$

の関係がある。また，点 S の座標 (x_s, y_s) と (x'_s, y'_s) についても同様な関係が成立する。これらの関係式を式 (2.25) に代入すると

$$\left.\begin{array}{l} m\left\{\left(\ddot{x}'_G - 2\dot{y}'_G\omega - x'_G\omega^2\right)\cos\omega t - \left(\ddot{y}'_G + 2\dot{x}'_G\omega - y'_G\omega^2\right)\sin\omega t\right\} \\ = -k\left(x'_s \cos\omega t - y'_s \sin\omega t\right) \\ m\left\{\left(\ddot{x}'_G - 2\omega\dot{y}'_G - x'_G\omega^2\right)\sin\omega t + \left(\ddot{y}'_G + 2\dot{x}'_G\omega - y'_G\omega^2\right)\cos\omega t\right\} \\ = -k\left(x'_s \sin\omega t + y'_s \cos\omega t\right) \end{array}\right\} \tag{2.27}$$

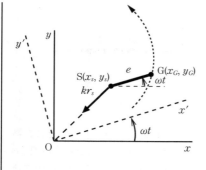 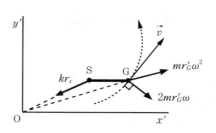

(a) 静止座標系　　　(b) 回転座標系

図 2.8 遠心力とコリオリの力

となる。式 (2.27) を変形すると、次式を得る。

$$\left. \begin{array}{l} m\ddot{x}'_G = -kx'_s + 2m\dot{y}'_G \omega + mx'_G \omega^2 \\ m\ddot{y}'_G = -ky'_s - 2m\dot{x}'_G \omega + my'_G \omega^2 \end{array} \right\} \quad (2.28)$$

この式において、実際にロータに働いている力はばね力 $\vec{F}(-kx'_s, -ky'_s)$ だけであり、右辺の第 2 項と第 3 項は回転座標上で運動を眺めたときに現れた見掛けの力である。

一般に、図 2.8 (b) のように物体の運動を回転座標上で考える場合、「実際の力」$\vec{F}(-kx_s, -ky_s)$ 以外に「見掛けの力」$(2m\dot{y}'_G\omega, -2m\dot{x}'_G\omega)$ と $(mx'_G\omega^2, my'_G\omega^2)$ が物体に働くと考える必要がある。前者は**コリオリの力**（Coriolis force）、後者を**遠心力**（centrifugal force）と呼ばれる。その成分の形から、コリオリの力は速度ベクトル $\vec{v}(\dot{x}'_G, \dot{y}'_G)$ と直角で進行方向に対して右方向に、後者は位置ベクトル $\vec{r}_G(x'_G, y'_G)$ と同じ方向をもっていることがわかる。

｜ノート｜

危険速度より高速側の安定性

図 2.7 に示す定常解の重心 G と軸中心 S の配置と働く力を回転座標上で考えた場合を**図 2.9** に示す。この場合、重心 G と軸中心 S は回転座標上では静止しているので、コリオリの力は働かない。高速側の図 2.9 (b) を見ると、遠心力と復元力が向かい合っているので、この配置は不安定であるように思える。このことから、回転機械の振動の研究が始まったころ、危険速度より高速側では運転不可能と予想され、Rankine (1869) は危険速度を限界速度 (a limit of speed) と

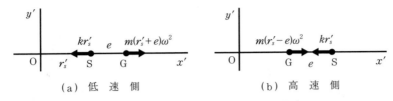

(a) 低速側　　　　　　　(b) 高速側

図 2.9　回転座標上での定常解の位置と力

名づけた．現在用いられている critical speed の「critical（臨界）」も，そこを境に状況が変わるという意味をもつ用語である．その後，De Laval は危険速度以上で安定に運転できることを実験的に示し，さらに Robertson は，危険速度の高速側で運転が不可能であるという Rankine の誤解はコリオリの力を無視したためであることを指摘した．このような興味深い歴史的展開は，三輪の解説記事「機械力学のあけぼの―車軸の釣合せと回転軸の危険速度問題―」(1991) に載っている．実際，図 2.9 の定常状態の安定性の解析では，外乱による微小ずれを考えているので重心 G は回転座標上で速度をもち，その結果，コリオリ力が現れる．その安定判別は文献（山本・石田，2001）の付録2を参照してほしい．

2.2　減衰系の振動

この節では，減衰が働く場合を考える．回転機械では，さまざまな原因によって減衰力が発生する．ここでは，一つのモデルとして，ロータまわりの空気との接触により発生する抵抗力を考慮する．ここでは解析を簡単にするため，線形表現である粘性減衰力を仮定する．この力の大きさは速度に比例し，作用する方向は，図 2.10 のように，破線で示した軌道の接線方向で速度に逆

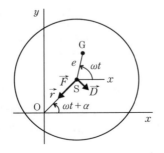

図 2.10　減衰が作用する系

2.2 減衰系の振動

向きであり，数式では $\vec{D} = -c\dot{\vec{r}}$ と表現される。

2.2.1 運動方程式

ロータの角速度 ω は一定とする。このとき運動方程式はつぎのようになる。

$$\left. \begin{array}{l} m\ddot{x} + c\dot{x} + kx = me\omega^2 \cos\omega t \\ m\ddot{y} + c\dot{y} + ky = me\omega^2 \sin\omega t \end{array} \right\} \tag{2.29}$$

減衰などの各パラメータの影響を明らかにするため，運動方程式を無次元化して解析することもよく行われる。無次元化の手順は，まず，式(2.29)の各項を e で割り，x/e を $\bar{x}$ とおく。つぎに両辺を m で割り，k/m を p_0^2 に置き換え，さらに p_0^2 で割る。つぎに，微分項に注目し，分母の形から $p_0 t$ を $\bar{t}$ とおく，等々の変換を行う。その結果，つぎの無次元量

$$\bar{x} = \frac{x}{e}, \qquad \bar{t} = p_0 t, \qquad \bar{c} = \frac{c}{p_0 m} = \frac{c}{\sqrt{mk}}, \qquad \bar{\omega} = \frac{\omega}{p_0} \tag{2.30}$$

を用いると，運動方程式はつぎの形となる。

$$\left. \begin{array}{l} \ddot{\bar{x}} + \bar{c}\dot{\bar{x}} + \bar{x} = \bar{\omega}^2 \cos\bar{\omega}\bar{t} \\ \ddot{\bar{y}} + \bar{c}\dot{\bar{y}} + \bar{y} = \bar{\omega}^2 \sin\bar{\omega}\bar{t} \end{array} \right\} \tag{2.31}$$

2.2.2 減衰自由振動

ここでは，複素数 $w = x + jy$ を用いて解析する。偏重心 e がない場合の運動方程式は，式(2.29)より次式で与えられる。

$$m\ddot{w} + c\dot{w} + kw = 0 \tag{2.32}$$

となる。振動学において，減衰係数 c が大きい場合（過減衰）は非振動的に減衰振動が発生し，減衰係数 c が小さい場合（不足減衰）は，振動的に減衰することが知られている。ここでは，不足減衰の場合について説明する。

まず，自由振動解を

$$w = We^{\lambda t} \tag{2.33}$$

とおく。ここに，$W = Re^{j\alpha}$ である。この解を式(2.32)に代入すると

$$m\lambda^2 + c\lambda + k = 0 \tag{2.34}$$

を得る。これを解くと

$$\left.\begin{array}{l}\lambda_1\\ \lambda_2\end{array}\right\}=\sigma+jp \tag{2.35}$$

ここに

$$\sigma=-\frac{c}{2m}<0,\quad p=\frac{\sqrt{4mk-c^2}}{2m}>0 \tag{2.36}$$

したがって自由振動解は

$$\begin{aligned}w&=W_1e^{(\sigma+jp)t}+W_2e^{(\sigma-jp)t}\\ &=R_1e^{j\alpha_1}e^{(\sigma+jp)t}+R_2e^{j\alpha_2}e^{(\sigma-jp)t}\\ &=e^{\sigma t}\left\{R_1e^{j(pt+\alpha_1)}+R_2e^{j(-pt+\alpha_2)}\right\}\\ &=e^{\sigma t}\left\{R_1\cos\left(pt+\alpha_1\right)+R_2\cos\left(-pt+\alpha_2\right)\right\}\\ &\quad+je^{\sigma t}\left\{R_1\sin\left(pt+\alpha_1\right)+R_2\sin\left(-pt+\alpha_2\right)\right\}\end{aligned} \tag{2.37}$$

したがって，これを実部と虚部に分けると，x,y方向の自由振動解はつぎのように得られる。

$$\left.\begin{array}{l}x=e^{\sigma t}\left\{R_1\cos\left(pt+\alpha_1\right)+R_2\cos\left(-pt+\alpha_2\right)\right\}\\ y=e^{\sigma t}\left\{R_1\sin\left(pt+\alpha_1\right)+R_2\sin\left(-pt+\alpha_2\right)\right\}\end{array}\right\} \tag{2.38}$$

これは振動的に減衰する運動を表す。この運動を xy 平面上の運動として見ると，原点 O に収束するら旋状のふれまわり軌道をたどる。

2.2.3 強制振動

この節では，偏重心 e に起因して発生する強制振動を調べる。運動方程式は式 (2.29) で与えられる。定常解を式 (2.21) の形に仮定して代入し，両辺の係数比較をすると

$$(k-m\omega^2)R=me\omega^2\cos\alpha,\quad -c\omega R=me\omega^2\sin\alpha \tag{2.39}$$

を得る。これから，振幅と位相差がつぎのように求まる。

すると，次式を得る．

$$c_1 m\dddot{x} + (k+k_1)m\ddot{x} + c_1 k\dot{x} + k_1 k x$$
$$= (k+k_1)me\omega^2 \cos\omega t + c_1 me\omega^3 \sin\omega t \tag{2.43}$$

この式は3階の微分方程式であり，1.5自由度系と呼ばれることもある．回転軸の応答曲線に及ぼす減衰の影響を**図2.14**に示す．破線は軸受部のばね定数 k_1 と減衰係数 c_1 を非常に大きくした結果であり，軸受部での変位を考慮しない場合，すなわちジェフコットロータの応答曲線に相当する．ロータに直接作用する減衰力がない場合でも，軸受部の減衰を大きくすることによってロータの共振を抑えられることがわかる．

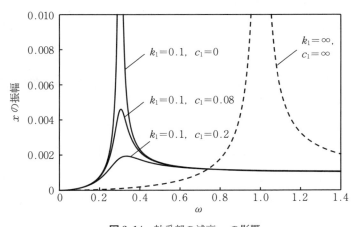

図 2.14 軸受部の減衰 c_1 の影響

2.3 危険速度通過時の非定常振動

回転機械の中には，危険速度より高速側で使うものがある．例えば，発電機を回す蒸気タービンの定格速度（例：60 Hz の交流発電機ならば 3 600 rpm）は第1次危険速度の2倍付近にあり，このような機械では，起動時あるいは停止時になるべく小さな振幅で共振点を通過しなければならない．本節では，こ

のような非定常振動について解説する．

2.3.1 運動方程式

本章の始めの 2.1.1 項でたわみ振動の運動方程式を考えたが，以下では簡単のため，弾性回転軸のねじり変形はなく（$\psi = \psi_m$），またモータ回転子の極慣性モーメントは回転体の極慣性モーメントに比較して無視できるものとする（$I_p \gg I_{pm}$）．さらに，たわみ振動に対して減衰力 $-c\dot{x}$, $-c\dot{y}$，ねじり振動に対して減衰トルク $-T_r$ を考える．その結果，式 (2.5) と式 (2.6) より，つぎの運動方程式を得る．

$$\left.\begin{aligned}
m\ddot{x} + c\dot{x} + kx &= me\dot{\psi}^2 \cos\psi + me\ddot{\psi}\sin\psi \\
m\ddot{y} + c\dot{y} + ky &= me\dot{\psi}^2 \sin\psi - me\ddot{\psi}\cos\psi \\
I_p\ddot{\psi} + T_r &= T_d - ke(x\sin\psi - y\cos\psi)
\end{aligned}\right\} \quad (2.44)$$

ここで，回転軸が水平に支持されたときに生じる静たわみ $\delta_{st} = mg/k$ を用いて，つぎのような無次元量を定義する．

$$t' = t\sqrt{k/m}, \quad x' = x/\delta_{st}, \quad y' = y/\delta_{st}, \quad e' = e/\delta_{st},$$
$$c' = c/\sqrt{mk}, \quad K = m\delta_{st}^2/I_p, \quad T_d' = mT_d/(kI_p),$$
$$T_r' = mT_r/(kI_p) \quad (2.45)$$

これらの量を用いて運動方程式を無次元表示すると次式を得る．なお，簡単のため，記号の肩の $'$ は省略した．

$$\left.\begin{aligned}
\ddot{x} + c\dot{x} + x &= e\dot{\psi}^2 \cos\psi + e\ddot{\psi}\sin\psi \\
\ddot{y} + c\dot{y} + y &= e\dot{\psi}^2 \sin\psi - e\ddot{\psi}\cos\psi \\
\ddot{\psi} + T_r &= T_d - Ke(x\sin\psi - y\cos\psi)
\end{aligned}\right\} \quad (2.46)$$

2.3.2 一定角加速度で危険速度を通過する場合

モータの駆動トルクが十分大きく，一定の角加速度 a で危険速度を通過するときの現象を数値積分によって調べる．図 2.1 において回転体が一定角速度

a で回転しているとき，偏重心の方向 SG の角位置 ψ が $\psi = \psi_0$ となった瞬間に加速を開始したと仮定して，そのときを時刻 $t=0$ にとる．このとき，角位置 ψ の変化はつぎの式で与えられる．

$$\ddot{\psi}=a, \qquad \dot{\psi}=at+\omega_0, \qquad \psi=\frac{1}{2}at^2+\omega_0 t+\psi_0, \qquad \psi_0=0 \qquad (2.47)$$

このように角度 ψ を定めた場合，運動方程式 (2.46) の第 1 式，第 2 式

$$\left.\begin{array}{l} \ddot{x}+c\dot{x}+x=e\dot{\psi}^2\cos\psi+e\ddot{\psi}\sin\psi \\ \ddot{y}+c\dot{y}+y=e\dot{\psi}^2\sin\psi-e\ddot{\psi}\cos\psi \end{array}\right\} \qquad (2.48)$$

は，角位置に関する第 3 式とは独立に解くことができる．

式 (2.48) を数値積分して得た時刻歴を**図 2.15** に示す．危険速度を通過する際に振幅が急に大きくなり，通過後は振動的に振幅が減少していく．この振幅の振動的な変化は，通過時に生じた自由振動と不釣合いによる強制振動の共存によるうなり現象である．ふれまわり半径 $r=\sqrt{x^2+y^2}$ の変化をさまざまな角加速度 a に対して示すと**図 2.16** となる．角加速度 $a=0$ の場合の曲線は，強制振動の定常解の共振曲線である．当然であるが，角加速度 a が大きいほど通過時の最大振幅は小さくなる．

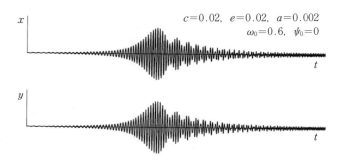

図 2.15 危険速度通過時の時刻歴

回転機械を設計する場合，危険速度を通過するときの半径 r の最大値 $r_{\max}$ を見積もることが必要となることがある．これを理論的に求めることは一般には難しく，いくつかの近似式が提案されている．例えば，ゼラー（Zeller, 1949）

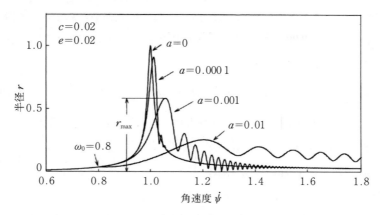

図 2.16 危険速度通過時のふれまわり半径の変化

はつぎの近似式を提案している。

$$r_{max} \approx \frac{1}{c\sqrt{1-(c/2)^2}}\left\{1-\exp\left(-c\frac{\pi}{\sqrt{2a}}\right)\right\} \tag{2.49}$$

3

力学と数学の予備知識（その2）

つぎの4章ではロータの傾き運動を取り扱う．その説明を理解するために必要となる数学と力学の内容をまとめておく．

3.1 ベクトルとその演算

3.1.1 ベクトルの定義

物理現象には，風，力，速度のように，「大きさ」だけでなくその「向き」を指定しなければ決まらないものがある．これを**ベクトル**（vector）といい，**有向線分**によって表される．図3.1のベクトルにおいて，Aを始点，Bを終点と呼ぶ．ベクトルは $\overrightarrow{AB}$, $\vec{a}$, $\boldsymbol{a}$ などの記号を用いて表す．なお，ベクトル $\vec{a}$, $\vec{b}$ の始点の位置が異なってもそれらの大きさと向きが等しければ，それらのベクトルは等しいとみなし，$\vec{a} = \vec{b}$ と書く．

簡単のため，図3.2のように，座標平面上で2次元のベクトルを考える．ベクトル $\vec{a} = \overrightarrow{OA}$ の始点を原点Oにとり，終点Aの座標を (a_1, a_2) とする．この

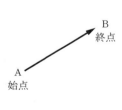

図3.1 ベクトル

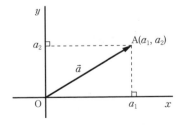

図3.2 ベクトルの成分（2次元）

実数 a_1, a_2 をベクトル $\vec{a}$ の x 成分, y 成分といい, $\vec{a}=(a_1, a_2)$ と表す。

ベクトル $\vec{a}$ の大きさ（矢印の長さに相当）を $|\vec{a}|$ と書く。成分を用いると $|\vec{a}|=\sqrt{a_1^2+b_1^2}$ で与えられる。

3.1.2 ベクトルの加法と減法

図 3.3(a) にベクトルの加法を示す。二つのベクトル $\vec{a}=\vec{AB}$, $\vec{b}=\vec{BC}$ があるとき, $\vec{a}$, $\vec{b}$ がつくる平行四辺形の対角線に相当する $\vec{c}=\vec{AC}$ をベクトル $\vec{a}$, $\vec{b}$ の和といい, $\vec{c}=\vec{a}+\vec{b}$ で表す。これを成分で表すと $(a_1, a_2)+(b_1, b_2)=(a_1+b_1, a_2+b_2)$ となる。

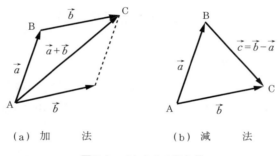

(a) 加　　法　　　　(b) 減　　法

図 3.3　ベクトルの和と差

また, 図(b) において, $\vec{a}+\vec{c}=\vec{b}$ が成立している。したがって, $\vec{c}=\vec{b}-\vec{a}$ はベクトルの差を表していることがわかる。すなわち, 引くベクトル $\vec{a}$ の終点と引かれるベクトル $\vec{b}$ の終点を結んだ矢印が差を表す。これを成分で表すと $(b_1, b_2)-(a_1, a_2)=(b_1-a_1, b_2-a_2)$ となる。

3.1.3 ベクトルの内積（スカラー積）

図 3.4(a) のように, まっすぐな経路に沿って大きさが一定の力 F を物体に加え, それを距離 s だけ動かしたとき, 力が物体にした仕事は $W=Fs$ である。この量をベクトルで一般的に表現しよう。図(b) において, $\vec{a}$ を力, $\vec{b}$ を移動の距離と方向を表すと考えると, 仕事に実質的に貢献する力は経路方向の成

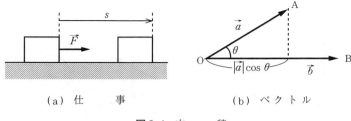

(a) 仕　　事　　　　　(b) ベクトル

図3.4　内　　　積

分 $|\vec{a}|\cos\theta$ であり，仕事の大きさに相当する量は $(|\vec{a}|\cos\theta) \times |\vec{b}| = |\vec{a}||\vec{b}|\cos\theta$ となる。この例からもわかるように，角度 θ をなす二つのベクトル $\vec{a}, \vec{b}$ が与えられたとき，$|\vec{a}||\vec{b}|\cos\theta$ という量は物理学で用途が多い。そこでこの量をベクトル $\vec{a}, \vec{b}$ の**内積**（inner product）または**スカラー積**（scalar product）と呼び，記号 $\vec{a}\cdot\vec{b}$ で表す。2次元ベクトル $\vec{a}(a_1, a_2), \vec{b}(b_1, b_2)$ の場合には，それらの成分を使って，つぎのように表すこともできる。

$$\vec{a}\cdot\vec{b} = |\vec{a}||\vec{b}|\cos\theta = a_1 b_1 + a_2 b_2 \tag{3.1}$$

成分を使った表現の具体的な計算方法については3.1.5項を参照してほしい。

内積に関して，つぎの演算法則が成立する。

$$\left.\begin{array}{ll}\text{交換法則} & \vec{a}\cdot\vec{b} = \vec{b}\cdot\vec{a} \\ \text{分配法則} & (\vec{a}+\vec{b})\cdot\vec{c} = \vec{a}\cdot\vec{c} + \vec{b}\cdot\vec{c}\end{array}\right\} \tag{3.2}$$

3.1.4　ベクトルの外積（ベクトル積）

つぎに，図3.4(b)において，$\vec{b}$ に対して $\vec{a}$ の垂直方向の成分が関わる物理現象はどのようなものかを考える。例えば**図3.5**(a)のように，支持点Oのまわりに回転する棒に働くモーメントを考える。力 F の成分のうち，棒に働くモーメントに寄与するのは，点Bの位置を示す位置ベクトル $\vec{b}$ の方向成分ではなく，それに垂直な成分 $F\sin\theta$ のみである。そして，点OB間の距離を l とすると，点Oまわりのモーメントの大きさは $Fl\sin\theta$ で表される。ただし，内積と異なり，この大きさだけでなく，どの軸まわりに回転するかということも重要である。そこで，物体の回転に関わる物理現象を説明するのに便利な数

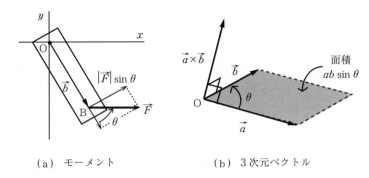

(a) モーメント　　　　　(b) 3次元ベクトル

図 3.5 作用する力と棒の回転

学的表現として，つぎのような表現を定義し，それを**外積**（outer product）あるいは**ベクトル積**（vector product）と呼ぶ。二つのベクトル $\vec{a}$, $\vec{b}$ の外積は記号 $\vec{a} \times \vec{b}$ で表され，つぎの大きさと方向をもつ。

$$\vec{a} \times \vec{b} = \begin{cases} 大きさ：|\vec{a}||\vec{b}|\sin\theta \\ 方　向：右ねじを\vec{a}から\vec{b}へ回転させたとき， \\ \qquad\qquad ねじの進む方向 \end{cases} \tag{3.3}$$

この関係を図 3.5(b) に図示する。外積の大きさは $\vec{a}$, $\vec{b}$ を二辺とする平行四辺形の大きさ，方向は右ねじを $\vec{a}$ から $\vec{b}$ の方向へ回転させたときのねじの進む方向と一致する。

この外積に関しては，つぎの演算法則が成立する。

$$分配法則\quad (\vec{a}+\vec{b})\times\vec{c}=\vec{a}\times\vec{c}+\vec{b}\times\vec{c} \tag{3.4}$$

外積に関しては交換法則が成立しない。すなわち，$\vec{a}\times\vec{b}=-\vec{b}\times\vec{a}$ となり，符号が変わることに注意する。

3.1.5　基本ベクトル

ここでは，3次元ベクトルについて考えよう。まず，大きさ1のベクトルを**単位ベクトル**（unit vector）という。そして**図 3.6** に示すように，直交座標系 $O\text{-}xyz$ において，各座標軸の正方向に単位ベクトルを考える。それらは**基本ベクトル**と呼ばれる。ここではそれを $\vec{i}$, $\vec{j}$, $\vec{k}$ で表す。成分表示すると，$\vec{i}=(1,$

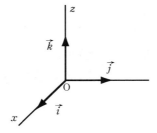

図 3.6 基本ベクトル

$0, 0)$, $\vec{j}=(0, 1, 0)$, $\vec{k}=(0, 0, 1)$ と表される。3 次元ベクトル $\vec{a}=(a_1, a_2, a_3)$ は基本ベクトルを用いると，$\vec{a}=a_1\vec{i}+a_2\vec{j}+a_3\vec{k}$ と表すことができる。

この基本ベクトルに関して，つぎのような内積あるいは外積の関係が成立することは定義から容易にわかる。まず，内積については，次式が成立する。

$$\vec{i}\cdot\vec{i}=\vec{j}\cdot\vec{j}=\vec{k}\cdot\vec{k}=1, \qquad \vec{i}\cdot\vec{j}=\vec{j}\cdot\vec{k}=\vec{k}\cdot\vec{i}=0 \tag{3.5}$$

同じく，外積については，つぎの関係が成立する。

$$\vec{i}\times\vec{i}=\vec{j}\times\vec{j}=\vec{k}\times\vec{k}=0,$$
$$\vec{i}\times\vec{j}=\vec{k}, \qquad \vec{j}\times\vec{k}=\vec{i}, \qquad \vec{k}\times\vec{i}=\vec{j},$$
$$\vec{j}\times\vec{i}=-\vec{k}, \qquad \vec{k}\times\vec{j}=-\vec{i}, \qquad \vec{i}\times\vec{k}=-\vec{j} \tag{3.6}$$

これらの基本ベクトルを用いると，上記の内積と外積の成分表示を容易に導くことができる。例えば，2 次元ベクトル $\vec{a}=a_1\vec{i}+a_2\vec{j}$, $\vec{b}=b_1\vec{i}+b_2\vec{j}$ については，内積は

$$\vec{a}\cdot\vec{b}=(a_1\vec{i}+a_2\vec{j})\cdot(b_1\vec{i}+b_2\vec{j})$$
$$=a_1b_1\vec{i}\cdot\vec{i}+a_1b_2\vec{i}\cdot\vec{j}+a_2b_1\vec{j}\cdot\vec{i}+a_2b_2\vec{j}\cdot\vec{j}=a_1b_1+a_2b_2 \tag{3.7}$$

となり，外積は

$$\vec{a}\times\vec{b}=(a_1\vec{i}+a_2\vec{j})\times(b_1\vec{i}+b_2\vec{j})=(a_1b_2-a_2b_1)\vec{k} \tag{3.8}$$

となる。さらに，3 次元ベクトル $\vec{a}=a_1\vec{i}+a_2\vec{j}+a_3\vec{k}$, $\vec{b}=b_1\vec{i}+b_2\vec{j}+b_3\vec{k}$ については，以下のようになる。まず内積は，式 (3.2), (3.5) を考慮すると，以下のようになる。

$$\vec{a}\cdot\vec{b}=(a_1\vec{i}+a_2\vec{j}+a_3\vec{k})\cdot(b_1\vec{i}+b_2\vec{j}+b_3\vec{k})$$
$$=a_1b_1+a_2b_2+a_3b_3 \tag{3.9}$$

つぎに，外積は

$$\vec{a} \times \vec{b} = (a_1\vec{i} + a_2\vec{j} + a_3\vec{k}) \times (b_1\vec{i} + b_2\vec{j} + b_3\vec{k})$$
$$= (a_2 b_3 - a_3 b_2)\vec{i} + (a_3 b_1 - a_1 b_3)\vec{j} + (a_1 b_2 - a_2 b_1)\vec{k} \qquad (3.10)$$

となる。これはやや複雑な形をしているが，つぎの節で学ぶ行列を用いて，以下のように覚えるとよい。

$$\vec{a} \times \vec{b} = \begin{vmatrix} \vec{i} & \vec{j} & \vec{k} \\ a_1 & a_2 & a_3 \\ b_1 & b_2 & b_3 \end{vmatrix} = \begin{vmatrix} a_2 & a_3 \\ b_2 & b_3 \end{vmatrix}\vec{i} - \begin{vmatrix} a_1 & a_3 \\ b_1 & b_3 \end{vmatrix}\vec{j} + \begin{vmatrix} a_1 & a_2 \\ b_1 & b_2 \end{vmatrix}\vec{k} \qquad (3.11)$$

この形は，$\vec{i}$ の係数は1行1列を除いた行列式，$\vec{j}$ の係数は1行2列を除いた行列式にマイナスの符号を付けたもの，$\vec{k}$ の係数は1行3列を除いた行列式となっている。符号は，＋と－が交互に付く。

3.2 行列と行列式

3.2.1 行列の定義

$m \times n$ 個の量をつぎのように長方形状に配置したものを **行列**（matrix）といい，それを構成する個々の数 a_{ij} を **要素**（element）あるいは **成分**（entry, component）という。

$$\begin{bmatrix} a_{11} & a_{12} & \cdots & a_{1n} \\ a_{21} & a_{22} & \cdots & a_{2n} \\ \vdots & \vdots & \ddots & \vdots \\ a_{n1} & a_{n2} & & a_{nn} \end{bmatrix} = [a_{ij}] \qquad (3.12)$$

なお，行列ではベクトルの成分表示のように，要素の区切りにコンマを用いない。行列の横の並びは **行**（row），縦の並びは **列**（column）と呼ばれる。行列は成分 a_{ij} を用いて $[a_{ij}]$，(a_{ij}) あるいはアルファベットの大文字（イタリック体）を用いて A と表すこともある。m 行 n 列の行列をしばしば $m \times n$ 行列と書く。

3.2.2 行列の演算,その他

行列は以下のように計算される。

〔1〕 **加法・減法・スカラー乗法**　行列の和,差,スカラー倍は,それぞれ各要素ごとに足し,引き,定数倍する。いま,$A=[a_{ij}]$, $B=[b_{ij}]$ がともに $m\times n$ 行列のとき,その和,差,スカラー倍はつぎのように定義される。

$$A+B=[a_{ij}+b_{ij}], \qquad A-B=[a_{ij}-b_{ij}], \qquad kA=[ka_{ij}] \tag{3.13}$$

〔2〕 **乗法**　A が $l\times m$ 行列,B が $m\times n$ 行列のとき,それらの積 $C=AB$ の要素はつぎのように定義される。

$$c_{ij}=a_{i1}b_{1j}+a_{i2}b_{2j}+\cdots+a_{im}b_{mj} \tag{3.14}$$

ここで,A の列の数と B の行の数が同じであることに注意する。この計算は,つぎの形から覚えるとよい。

$$\begin{bmatrix} a_{i1} & a_{i2} & \cdots & a_{im} \end{bmatrix}\begin{bmatrix} b_{1j} \\ b_{2j} \\ \vdots \\ b_{mj} \end{bmatrix} = \begin{bmatrix} \vdots \\ \cdots & c_{ij} & \cdots & \cdots \\ \vdots \\ \vdots \end{bmatrix} \tag{3.15}$$

なお,行列の乗法に関して交換の法則は成立しない($AB\ne BA$)。

〔3〕 **行列とベクトル**　ベクトルを行列で表すこともある。1行だけからなる行列を**行ベクトル**(row vector),1列だけからなる行列を**列ベクトル**(column vector)という。例えば2次元ベクトル $\vec{a}=a_1\vec{i}+a_2\vec{j}$ と $\vec{b}=b_1\vec{i}+b_2\vec{j}$ の内積を行列の表記を用いると,つぎのように書ける。

$$\begin{bmatrix} a_1 & a_2 \end{bmatrix}\begin{bmatrix} b_1 \\ b_2 \end{bmatrix}=[a_1b_1+a_2b_2]=a_1b_1+a_2b_2 \tag{3.16}$$

なお,1行1列の行列はわざわざ行列の形に書く必要はなく,単に一つのスカラー量と同じである。

〔4〕 **行列式**　行列の行の数と列の数が等しいものを正方行列という。行列は文字や数字のグループを配置したものにすぎないが,その同じ要素に対して計算ルールを決めて,必要な値を求めやすくした表現に**行列式**(determinant)がある。つぎの例題を考える。

例題 3.1 つぎの連立方程式を解け。

$$\left.\begin{array}{l} a_{11}x + a_{12}y = f_1 \\ a_{21}x + a_{22}y = f_2 \end{array}\right\} \quad (1) \quad \text{あるいは} \quad \begin{bmatrix} a_{11} & a_{12} \\ a_{21} & a_{22} \end{bmatrix}\begin{bmatrix} x \\ y \end{bmatrix} = \begin{bmatrix} f_1 \\ f_2 \end{bmatrix} \quad (2)$$

【解答】 通常の解法に従うと，つぎの解を得る。

$$x = \frac{a_{22}f_1 - a_{12}f_2}{a_{11}a_{22} - a_{12}a_{21}}, \qquad y = \frac{-a_{21}f_1 + a_{11}f_2}{a_{11}a_{22} - a_{12}a_{21}} \quad (3)$$

まず，分母が式 (2) の係数行列の要素から構成されていることに注目して分母の値 $a_{11}a_{22} - a_{12}a_{21}$ を記号

$$\begin{vmatrix} a_{11} & a_{12} \\ a_{21} & a_{22} \end{vmatrix} \quad \text{あるいは} \quad \det \begin{vmatrix} a_{11} & a_{12} \\ a_{21} & a_{22} \end{vmatrix} \quad (4)$$

を用いて表すことにする。このような表記を行列式という。行列式を用いると，式 (3) はつぎのように表現できる。

$$x = \frac{\begin{vmatrix} f_1 & a_{12} \\ f_2 & a_{22} \end{vmatrix}}{\begin{vmatrix} a_{11} & a_{12} \\ a_{21} & a_{22} \end{vmatrix}}, \qquad y = \frac{\begin{vmatrix} a_{11} & f_1 \\ a_{21} & f_2 \end{vmatrix}}{\begin{vmatrix} a_{11} & a_{12} \\ a_{21} & a_{22} \end{vmatrix}} \quad (5)$$

このような解き方を**クラメルの解法** (Cramer's rule) という。連立方程式の次元が増えると，式 (3) の解の分子，分母の項数が増えてかなり複雑になるので，この行列式を用いると便利である。 ◇

この例題の結果は，つぎのように右下がりの掛け算は＋の符号，左下がりの掛け算は－の符号を付けるというように覚えるとよい。

$$\begin{vmatrix} a_{11} & a_{12} \\ a_{21} & a_{22} \end{vmatrix} = a_{11}a_{22} - a_{12}a_{21} \quad (3.17)$$

　　ノート

余因子展開

　$n \times n$ の正方行列 A（n 次の行列 A）において $n \geqq 2$ のとき，行列 A の i 行 j 列を削除してつくった $(n-1)$ 次の行列式を M_{ij} で表し，A の**小行列式**（minor）という。さらに a_{ij} の**余因子**（cofactor）といわれるものをつぎのように定義する。

$$A_{ij}=(-1)^{i+j}M_{ij} \tag{3.18}$$

このとき,A の行列式はつぎのように表される。

$$\det A = \sum_{j=1}^{n} a_{ij}A_{ij} = a_{i1}A_{i1} + a_{i2}A_{i2} + \cdots + a_{in}A_{in} \tag{3.19}$$

これを行列式の第 i 行についての**余因子展開**(cofactor expansion)という。同様に,第 j 列についての余因子展開は,つぎのように表される。

$$\det A = \sum_{i=1}^{n} a_{ij}A_{ij} = a_{1j}A_{1j} + a_{2j}A_{2j} + \cdots + a_{nj}A_{nj} \tag{3.20}$$

このような余因子展開を繰り返し用いることによって,A の行列式の値を計算することができる。

例題 3.2 3次の正方行列の展開式を求めよ。

【**解答**】 第1行について余因子展開を行い,つづいて式(3.17)を適用すると

$$\begin{vmatrix} a_{11} & a_{12} & a_{13} \\ a_{21} & a_{22} & a_{23} \\ a_{31} & a_{32} & a_{33} \end{vmatrix} = a_{11}\begin{vmatrix} a_{22} & a_{23} \\ a_{32} & a_{33} \end{vmatrix} - a_{12}\begin{vmatrix} a_{21} & a_{23} \\ a_{31} & a_{33} \end{vmatrix} + a_{13}\begin{vmatrix} a_{21} & a_{22} \\ a_{31} & a_{32} \end{vmatrix}$$

$$= a_{11}(a_{22}a_{33} - a_{23}a_{32}) - a_{12}(a_{21}a_{33} - a_{23}a_{31}) + a_{13}(a_{21}a_{32} - a_{22}a_{31}) \quad \diamondsuit$$

この3次の行列式の展開式は,**サラスの方法**(Sarrus' rule)と呼ばれるつぎのような方法で覚えておくとよい。

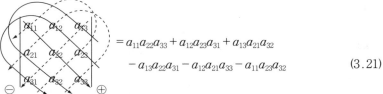

$$\begin{aligned} &= a_{11}a_{22}a_{33} + a_{12}a_{23}a_{31} + a_{13}a_{21}a_{32} \\ &\quad - a_{13}a_{22}a_{31} - a_{12}a_{21}a_{33} - a_{11}a_{23}a_{32} \end{aligned} \tag{3.21}$$

ここで右下がりの実線の矢印の要素の積には+,左下がりの破線の要素の積には-の符号を付ける。

〔5〕**転 置 行 列** 行列 $A=[a_{ij}]$ に対して a_{ji} を ij 成分とするような行列を**転置行列**(transposed matrix)といい A^T で表す。例えば

$$A = \begin{bmatrix} 2 & 3 & -2 \\ 5 & 7 & 1 \end{bmatrix} \text{ の転置行列は } A^T = \begin{bmatrix} 2 & 5 \\ 3 & 7 \\ -2 & 1 \end{bmatrix} \tag{3.22}$$

である。A, B を行列，k をスカラー量とすると，転置行列に関して，つぎの演算が成立する．

$$\begin{aligned}
(A^T)^T &= A & &: 元に戻る \\
(A+B)^T &= A^T + B^T & &: 和の場合はそのまま分けてよい \\
(AB)^T &= B^T A^T & &: 積の場合は順序が入れ替わる \\
(kA)^T &= kA^T & &: 定数は演算に無関係
\end{aligned} \tag{3.23}$$

〔6〕**逆行列** 正方行列において，主対角線上の成分（行番号と列番号が同じもの）が1で，他の成分が0となる行列を**単位行列**（identity matrix）といい，記号 I で表す．例えば，3次の単位行列は

$$I = \begin{bmatrix} 1 & 0 & 0 \\ 0 & 1 & 0 \\ 0 & 0 & 1 \end{bmatrix} \tag{3.24}$$

n 次の正方行列 A に対して，$AI = IA = A$ となる．いま，正方行列 A に対して $AX = XA = I$ を満たす n 次の正方行列 X が存在するとき，行列 A は正則であるといい，またこの X を**逆行列**（inverse matrix）と呼び A^{-1} で表す．すなわち

$$AA^{-1} = A^{-1}A = I \tag{3.25}$$

が成立する．

例題3.3 つぎの2次の正方行列の逆行列を求めよ．

$$A = \begin{bmatrix} a & b \\ c & d \end{bmatrix}$$

【解答】 逆行列を $A^{-1} = \begin{bmatrix} x & y \\ z & u \end{bmatrix}$ とおく．

$$\begin{bmatrix} a & b \\ c & d \end{bmatrix} \begin{bmatrix} x & y \\ z & u \end{bmatrix} = \begin{bmatrix} 1 & 0 \\ 0 & 1 \end{bmatrix} \tag{1}$$

より

$$ax + bz = 1, \quad ay + bu = 0, \quad cx + dz = 0, \quad cy + du = 1 \tag{2}$$

これから，$\Delta = ad - bc \neq 0$ のときは

$$x = \frac{d}{\Delta}, \quad y = -\frac{b}{\Delta}, \quad z = -\frac{c}{\Delta}, \quad u = \frac{a}{\Delta} \tag{3}$$

すなわち，逆行列は

$$A^{-1} = \frac{1}{\Delta}\begin{bmatrix} d & -b \\ -c & a \end{bmatrix} \tag{4}$$

である。もし，$\Delta = ad - bc = 0$ であるなら，逆行列は存在しない。

一例として，$A = \begin{bmatrix} 2 & 1 \\ 5 & 3 \end{bmatrix}$ ならば，$\Delta = ad - bc = 1$ であるので

$$A^{-1} = \frac{1}{1}\begin{bmatrix} 3 & -1 \\ -5 & 2 \end{bmatrix} = \begin{bmatrix} 3 & -1 \\ -5 & 2 \end{bmatrix} \tag{5}$$

実際

$$AA^{-1} = \begin{bmatrix} 2 & 1 \\ 5 & 3 \end{bmatrix}\begin{bmatrix} 3 & -1 \\ -5 & 2 \end{bmatrix} = \begin{bmatrix} 6-5 & -2+2 \\ 15-15 & -5+6 \end{bmatrix} = \begin{bmatrix} 1 & 0 \\ 0 & 1 \end{bmatrix} = I \tag{6}$$

となっている。 ◇

3.3 座標軸の回転（2次元）

図 3.7 は，直交座標系 O-xy とそれに対して θ だけ回転した直交座標系 O-$x'y'$ を示す。点 A の座標は前者では (x, y)，後者では (x', y') であるが，幾何学的な考察から，両者の間にはつぎの関係があることがわかる。

$$x' = x\cos\theta + y\sin\theta, \qquad y' = -x\sin\theta + y\cos\theta \tag{3.26}$$

この関係を行列を用いて書くと

$$\begin{bmatrix} x' \\ y' \end{bmatrix} = \begin{bmatrix} \cos\theta & \sin\theta \\ -\sin\theta & \cos\theta \end{bmatrix}\begin{bmatrix} x \\ y \end{bmatrix} \quad \left(\equiv A\begin{bmatrix} x \\ y \end{bmatrix}\right) \tag{3.27}$$

と表現できる。逆に，座標 (x', y') から座標 (x, y) を求める関係をつぎのように導くことができる。ここで右辺の係数を A とおく。A の逆行列は，例題 3.2 の式(4)より

$$A^{-1} = \frac{1}{\Delta}\begin{bmatrix} d & -b \\ -c & a \end{bmatrix} = \frac{1}{\cos^2\theta + \sin^2\theta}\begin{bmatrix} \cos\theta & -\sin\theta \\ \sin\theta & \cos\theta \end{bmatrix}$$

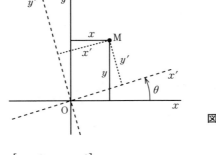

図3.7 座標軸の回転

$$= \begin{bmatrix} \cos\theta & -\sin\theta \\ \sin\theta & \cos\theta \end{bmatrix} \tag{3.28}$$

式 (3.27) の左から A^{-1} を掛け，$A^{-1}A = I$，$IB = B$ の関係を考慮すると

$$\begin{bmatrix} x \\ y \end{bmatrix} = \begin{bmatrix} \cos\theta & -\sin\theta \\ \sin\theta & \cos\theta \end{bmatrix} \begin{bmatrix} x' \\ y' \end{bmatrix} \tag{3.29}$$

を得る。

3.4 剛体の自由度と剛体の傾き角

3次元空間内で，剛体の位置と姿勢（傾き）を指定する場合に必要な変数について考える。直交座標系 O-xyz を設けた空間で，剛体の重心 G の座標 (x_G, y_G, z_G) を与えると，剛体の並進位置が決まる。しかし，これだけでは不十分で，剛体は傾き，また回転も伴うので，さらにいくつかの変数が必要である。実際，剛体の傾きと回転を決めるために以下に示すように，三つの変数が必要である。この変数に関して2種類の方法を紹介する。

3.4.1 オイラー角

いま，原点を円板の中心 O にとり，円板に固定した直交座標系 O-$\xi\eta\zeta$（ζ 軸を対称軸にとる）を考える。最初，座標系 O-$\xi\eta\zeta$ と静止直交座標系 O-xyz が一致した状態から考える。まず，ξ 軸を ζ 軸まわりに x 軸から角度 φ だけ回転

させる（**図3.8**(a)①）。つぎに円板をξ軸まわりに角度θだけ回転させる（図(a)②）。さらに，円板をζ軸まわりに角度ψだけ回転させる（図(a)③）。以上の操作で，円板の角位置が定まる。このように定義される角度θ，φ，ψを**オイラー角**（Eulerian angle）という。以上のことから，剛体の位置と姿勢を完全に決めるためには合計六つの変数が必要であることがわかる。すなわち，空間で運動する剛体の自由度は6である。

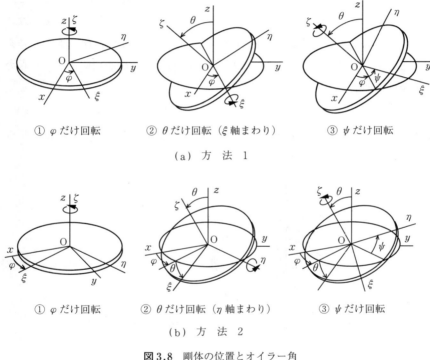

図3.8 剛体の位置とオイラー角

なお，オイラー角の定義は，上記（方法1）の1種類だけではない。別の方法（方法2）を図(b)に示す。図(b)①の操作は同じである。つぎに，今度はξ軸ではなく，η軸のまわりに角度θだけ回転させる（図(b)②）。その後，円板をζ軸まわりに角度ψだけ回転させる（図(b)③）。要するに，第2段階でξ軸ではなく，η軸まわりに回転させるところだけが方法1と異なってい

る．本書では，方法2を用いることにする．

3.4.2 射影角と回転角

こまの運動のように剛体が大きな角度で傾くときには上記のオイラー角が便利であるが，一般の回転機械では，ロータの傾き角 θ は小さい．このような場合には，**図3.9**のように直交座標系 O-xyz の xz 平面と yz 平面への θ の射影角 θ_x, θ_y を用いると，運動方程式の形が2章で示した並進運動の方程式と対応して扱いやすくなる．図において，円板状の剛体の対称軸に ξ 軸を一致させ，この軸が x 軸から角度 φ をなす方向に微小な角度 θ だけ傾く場合を考える．ここで，オイラー角の θ, φ の代わりに投影角 θ_x, θ_y を用いる．これらの投影角は近似的に

$$\theta_x \approx \theta \cos \varphi, \qquad \theta_y = \theta \sin \varphi \tag{3.30}$$

と表されるので，この場合は θ_x, θ_y と回転角 ψ の3変数を用いて剛体の傾きと回転角を表すことができる．

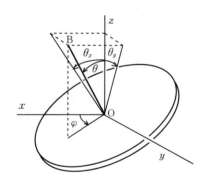

図3.9 射影角と回転角

3.5 質点の角運動量

3.5.1 角 運 動 量

図3.10は，質量 m の物体が力 $\vec{F}$ を受けて，空間内を速度 $\vec{v}(t)$ で動いてい

3.5 質点の角運動量

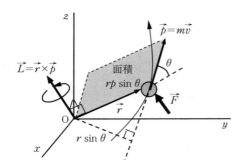

図 3.10 角運動量

る状態を示す．1章では，この運動の勢いを表す物理量として，ある瞬間の速度と物体の質量の積である運動量 $\vec{p}\,(=m\vec{v})$ を定義した．同じ運動に関して，ある点まわりの回転という視点からその運動の勢いを表現することもできる．例えば図において，点Oまわりの回転運動の勢いを表す角運動量は，位置ベクトル $\vec{r}$ と運動量ベクトル $\vec{p}$ の外積として，つぎのように定義される．

$$\vec{L} = \vec{r} \times \vec{p} = \vec{r} \times m\vec{v} \tag{3.31}$$

3.1.4項で述べたように，$\vec{p}$ の $\vec{r}$ に対する直角成分が回転の速さに関係することから，数学的にはベクトル積が用いられることとなる．この大きさは $rp\sin\theta$（$\vec{r}$ と $\vec{p}$ でつくられる平行四辺形の面積に相当），方向は $\vec{r}$ と $\vec{p}$ が張る平面に垂直で，右ねじを $\vec{r}$ から $\vec{p}$ へ回転させたとき，ねじの進む方向となる．

3.5.2 回転に関する運動方程式

質点の運動方程式を用いて角運動量の式を導く．まず，図3.10の質点の運動を支配する運動方程式は，運動量を用いて書くと

$$\frac{d(m\vec{v})}{dt} = \vec{F} \quad \text{あるいは} \quad \frac{d\vec{p}}{dt} = \vec{F} \tag{3.32}$$

である．つぎに，この式の両辺に左から $\vec{r}$ を掛けてベクトル積をつくると

$$\vec{r} \times \frac{d(m\vec{v})}{dt} = \vec{r} \times \vec{F} \tag{3.33}$$

となる．ここで式(3.31)より

$$\frac{d\vec{L}}{dt} = \frac{d(\vec{r} \times m\vec{v})}{dt} = \frac{d\vec{r}}{dt} \times m\vec{v} + \vec{r} \times \frac{d(m\vec{v})}{dt}$$

$$= \vec{v} \times m\vec{v} + \vec{r} \times \frac{d(m\vec{v})}{dt} = 0 + \vec{r} \times \frac{d(m\vec{v})}{dt} \tag{3.34}$$

の関係に注意し，また式 (3.33) の右辺がモーメントを表すことから

$$\vec{N} = \vec{r} \times \vec{F} \tag{3.35}$$

とおくと，式 (3.33) は

$$\frac{d\vec{L}}{dt} = \vec{N} \tag{3.36}$$

となる．すなわち，「ある時刻における質点の角運動量の変化の割合は，その時刻に作用する力の原点 O に関するモーメントに等しい」という関係が得られる．

例題 3.4 図 3.11 に示すように，O-xy 平面内で小さな角度 θ で揺れている 2 種類の振り子について，以下の問に答えよ．なお，x 軸，y 軸方向の単位ベクトルをそれぞれ $\vec{i}$，$\vec{j}$ とし，また $\sin\theta \approx \theta$，$\cos\theta \approx 1$ の近似を用いよ．

〔モデル I について〕 伸び縮みしない糸の長さを l，質量を m とする．

(1) 並進運動の運動方程式 (3.32) を用いて，角度 θ に関する運動方程式を導け．

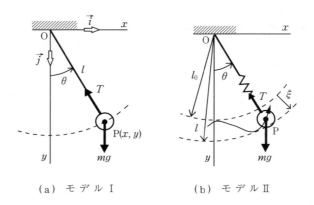

(a) モデル I   (b) モデル II

図 3.11 2 種類の振り子

3.5 質点の角運動量

(2) 回転の運動方程式 (3.36) を用いて，同様な運動方程式を導け。

〔モデルⅡについて〕 伸び縮みしない糸の一部にばね定数 k のばねが入っており，糸が真下に来て静止したとき糸とばねの長さの和は l_0 であったとする。

(3) 運動方程式 (3.32) を用いて，角度 θ と l_0 からの変位 ξ に関する運動方程式を導け。

(4) 回転の運動方程式 (3.36) を用いて，同様な運動方程式を導け。

【解答】

〔モデルⅠについて〕

(1) 質点に働く力は重力 $0\vec{i}+mg\vec{j}$ と糸の張力 $\vec{T}=-T\sin\theta\vec{i}-T\cos\theta\vec{j}$ である。角度 θ が小さいとき，全体の力は $\vec{F}=-T\theta\vec{i}+(mg-T)\vec{j}$ である。式 (3.32) より

$$\frac{d(m\dot{x})}{dt}=-T\theta, \qquad \frac{d(m\dot{y})}{dt}=mg-T \tag{1}$$

関係式 $x\approx l\sin\theta\approx l\theta$, $y\approx l\cos\theta\approx l$ を式 (1) に代入すると

$$ml\ddot{\theta}=-T\theta, \quad 0=mg-T \quad \therefore \quad \ddot{\theta}+\frac{g}{l}\theta=0 \tag{2}$$

(2) 質点の位置ベクトルは $\vec{r}=\vec{OP}=x\vec{i}+y\vec{j}$，速度ベクトルは $\vec{v}=\dot{x}\vec{i}+\dot{y}\vec{j}$ である。外積を利用するため，さらに z 軸（単位ベクトル $\vec{k}$）を設ける。回転に関する運動方程式 (3.36) より

$$\frac{d\{(x\vec{i}+y\vec{j})\times m(\dot{x}\vec{i}+\dot{y}\vec{j})\}}{dt}=(x\vec{i}+y\vec{j})\times\{-T\theta\vec{i}+(mg-T)\vec{j}\} \tag{3}$$

整理すると

$$m\frac{d}{dt}\{x\dot{y}-y\dot{x}\}\vec{k}=y(-mg\theta)(-\vec{k}) \quad \therefore \quad x\ddot{y}-y\ddot{x}=yg\theta \tag{4}$$

これに関係式 $x\approx l\theta$, $y\approx l$ を代入すると

$$\ddot{\theta}+\frac{g}{l}\theta=0 \tag{5}$$

を得る。これは問 (1) の結果の式 (2) と一致する。

〔モデルⅡについて〕

(3) 質点が真下で静止しているときの張力 T_0 は $T_0=mg$ である。揺れているときの糸の長さを $l=l_0+\xi$ とする。そのときの糸の張力 $T=mg+k\xi$ を用いると，モデルⅠと同じ式 (1) が成立する。それに関係式 $x\approx l\sin\theta\approx l_0\theta$, $y\approx l\cos\theta\approx l_0+\xi$ を代入し，ξ, θ に関する高次の微小量を省略すると

$$\ddot{\theta}+\frac{g}{l_0}\theta=0, \qquad \ddot{\xi}+\frac{k}{m}\xi=0 \tag{6}$$

このような微小振動では，左右のふれ振動とばねの伸縮振動は独立となる。

(4) 回転に関する運動方程式(3.36)より，モデルⅠの式(4)と同じ形が得られ，それに関係式 $x \approx l_0\theta$, $y \approx l_0 + \xi$ を代入し，高次の微小量をすると式(6)の第1式が得られる。しかし，式(6)の第2式が得られないので，この方法では問題が解けないことになる。 ◇

ノート

モデルⅡの(4)の解法の補足

上述の方法では，得られるのは O-xy 平面に直角な単位ベクトル $\vec{k}$ の方向成分に関する関係だけであるので，二つの独立変数をもつ平面運動は解くことができない。この原因は，図3.5で説明したように，外積をとるということは，位置ベクトルに直角な方向の成分だけを取り出す操作であり，原点Oのまわりの回転を考えた結果，位置ベクトルの方向の情報が失われたからである。この方向の情報を得るためには，つぎの二つの方法が考えられる。

（ⅰ）図3.5から，位置ベクトル方向に対する力の成分を含む関係を求めるため，位置ベクトルと運動量ベクトルの内積をとると次式となる。

$$\vec{r} \cdot \frac{d(m\vec{v})}{dt} = \vec{r} \cdot \vec{F} \tag{7}$$

これに $\vec{F} = -T\theta\vec{i} + (mg - T)\vec{j} \approx -mg\theta\vec{i} - k\xi\vec{j}$ を代入して整理すると，$m(x\ddot{x} + y\ddot{y}) = -mgx\theta - ky\xi$ を得るが，$x \approx l_0\theta$, $y \approx l_0 + \xi$ を代入してから高次微小量を省略すると式(6)の第2式が得られる。

（ⅱ）平面運動に対して外積を用いることにより $\vec{k}$ 方向のベクトルが現れたということは，平面運動の問題を3次元の問題として扱っていることを示す。そこで z 軸（この場合，右手系では，$\vec{k}$ は紙面に垂直で下向き）上の点 A(0, 0, a) を始点とする位置ベクトル $\vec{r}$ を考えれば，それは座標平面 O-xy に対して上側に傾いているので，運動方程式には $\vec{k}$ 成分の他に $\vec{i}$, $\vec{j}$ 成分が現れることになる。この位置ベクトルと速度ベクトルは

$$\vec{r} = x\vec{i} + y\vec{j} - a\vec{k}, \quad \vec{v} = \dot{x}\vec{i} + \dot{y}\vec{j} \tag{8}$$

であるから，式(3.31)より，回転に関する運動方程式は

$$\frac{d\{(x\vec{i} + y\vec{j} - a\vec{k}) \times (\dot{x}\vec{i} + \dot{y}\vec{j})\}}{dt} = (x\vec{i} + y\vec{j} - a\vec{k}) \times (-mg\theta\vec{i} - k\xi\vec{j}) \tag{9}$$

となる。これから高次の微小量を省略し，整理すると

$$ma\ddot{\xi}\vec{i} - mal_0\ddot{\theta}\vec{j} - ml_0^2\ddot{\theta}\vec{k} = -ka\xi\vec{i} + mga\theta\vec{j} + mgl_0\theta\vec{k} \tag{10}$$

となる。式(10)で $\vec{i}$, $\vec{j}$, $\vec{k}$ の係数をそれぞれ両辺で等しいとおくと，式(6)と同じ式が得られる。

3.6 質点系の運動方程式

複数の質点が集まった系を**質点系**（point mass system）という。質点系において，その系に属す他の質点から働く力を**内力**（internal force），系の外から働く力を**外力**（external force）という。質点系では，重心の運動は比較的簡単に求められたり，初めからわかっていたりすることがあるので，質点系の運動は，重心の運動とそれに相対的な運動に分けて考えることが多い。

質点系のモデルとしては，**図 3.12 (a)** のように，各質点の間に距離の拘束がない場合と，図 (b) のように質点が軽い（質量を無視した）棒で結合された場合が考えられる。以下では後者のモデルを考える。

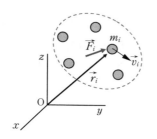 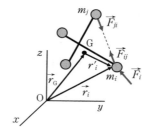

（a）質点間に拘束がない場合　　（b）質点間に拘束がある場合

図 3.12　質　点　系

3.6.1　各質点の運動方程式

質点系の並進運動の運動方程式を求めるにあたり，まず各質点の運動方程式を導く。まず，質量 m_1 について考える。この m_1 には，外部からの力（外力）F_1 と，系内の他の質量 m_2 から力（内力）F_{12}，質量 m_3 から内力 F_{13} などが働く。これらの力を考慮すると，質量 m_1 についての運動方程式が導かれる。同様なことをすべての質量について行うと，つぎの式を得る。

$$\left.\begin{array}{l} m_1 \dfrac{d^2 \vec{r}_1}{dt^2} = \vec{F}_1 + \vec{F}_{12} + \vec{F}_{13} + \cdots \\[6pt] m_2 \dfrac{d^2 \vec{r}_2}{dt^2} = \vec{F}_2 + \vec{F}_{21} + \vec{F}_{23} + \cdots \\[6pt] \qquad\qquad \vdots \end{array}\right\} \qquad (3.37)$$

この式を解けば，理論上は各質点の運動を定めることができる．しかし，現実には，内力を求めることが面倒であったり，また問題によっては個々の質点の運動を知る必要もなかったりするので，以下では視点を変えて，「重心の運動」と，重心をその原点にとった座標系から見た「重心に相対的な運動」に分けて取り扱うことにする．

3.6.2 重心の運動

質点系というグループを代表させる点として重心（図3.12（b）のG）を選び，その位置ベクトルを$\vec{r}_G$とする．式(3.37)の各式の両辺をそれぞれすべて加える．運動の第3法則（作用・反作用の法則）から，内力について$\vec{F}_{ij} = -\vec{F}_{ji}$が成立するので，つぎの式を得る．

$$\sum_i m_i \frac{d^2 \vec{r}_i}{dt^2} = \sum_i \vec{F}_i \qquad (3.38)$$

重心の位置ベクトル$\vec{r}_G$は，全質量を$M = \sum_i m_i$とすると

$$\vec{r}_G = \left(\sum_i m_i \vec{r}_i\right)/M \qquad (3.39)$$

で与えられるので，式(3.38)からつぎの式を得る．

$$M \frac{d^2 \vec{r}_G}{dt^2} = \sum_i \vec{F}_i \qquad (3.40)$$

この式から，「質点系の重心Gは，その点に全質量が集中していて，そこに外力の合力が働いているとした場合の運動と同じ運動をする」ことがわかる．

3.6.3 重心まわりの全角運動量

定点Oまわりの一つの質点m_iの角運動量$\vec{L}_i$について，式(3.36)より

$$\frac{d\vec{L}_i}{dt} = \vec{N}_i \tag{3.41}$$

が成立する．ここに $\vec{L}_i = \vec{r}_i \times m_i \vec{v}_i$, $\vec{N}_i = \vec{r}_i \times \vec{F}_i$ である．図3.12（b）において，質点 m_i の重心 G を始点とする位置ベクトルを $\vec{r}_i'$，相対速度を $\vec{v}_i'$ とすると

$$\vec{r}_i = \vec{r}_G + \vec{r}_i', \qquad \vec{v}_i = \vec{v}_G + \vec{v}_i' \tag{3.42}$$

となる．つぎに，質点系について考えるため，すべての質点について式(3.41)の両辺をそれぞれすべて加えると

$$\frac{d}{dt}\sum_i \vec{L}_i = \sum_i \vec{N}_i \tag{3.43}$$

まず，定点 O まわりの全角運動量 $\vec{L}$ を求める．それは，全質量を M で表すと

$$\vec{L} = \sum \vec{L}_i = \sum \left\{ (\vec{r}_G + \vec{r}_i') \times m_i (\vec{v}_G + \vec{v}_i') \right\}$$

$$= \vec{r}_G \times M\vec{v}_G + \vec{r}_G \times \sum (m_i \vec{v}_i') + \left(\sum m_i \vec{r}_i'\right) \times \vec{v}_G + \left(\sum \vec{r}_i' \times m_i \vec{v}_i'\right) \tag{3.44}$$

となる．位置ベクトル $\vec{r}'$ の始点が重心 G であることから，この第二項，第三項の総和 $\sum$ が零なので

$$\vec{L} = \vec{r}_G \times M\vec{v}_G + \vec{L}_{(G)} \tag{3.45}$$

となる．ここに，$\vec{L}_{(G)}$ は，重心 G まわりの全角運動量である．なお，添字について，$\vec{r}_G$ は「点 G の」位置ベクトル，$\vec{L}_{(G)}$ は「点 G まわりの」全角運動量という意味で，（重心にある全質量の点 O まわりの角運動量 $\vec{L}_G = \vec{r}_G \times M\vec{v}_G$ との誤解を避けるため）表記を区別した．式(3.45)を時間で微分し，$\vec{v}_G \times \vec{v}_G = 0$ および式(3.40)を考慮すると式(3.43)の左辺が得られる．

$$\frac{d\vec{L}}{dt} = \frac{d\vec{r}_G}{dt} \times M\vec{v}_G + \vec{r}_G \times M\frac{d\vec{v}_G}{dt} + \frac{d\vec{L}_{(G)}}{dt} = \vec{r}_G \times \sum \vec{F}_i + \frac{d\vec{L}_{(G)}}{dt} \tag{3.46}$$

つぎに，式(3.43)の右辺の総和は

$$\vec{N} = \sum \vec{N}_i = \sum (\vec{r}_G + \vec{r}_i') \times \vec{F}_i = \vec{r}_G \times \sum \vec{F}_i + \vec{N}_{(G)} \tag{3.47}$$

ここに，$\vec{N}_{(G)} = \sum (\vec{r}_i' \times \vec{F}_i)$ である．式(3.46)，(3.47)を式(3.43)に代入すると，次式を得る．

$$\frac{d\vec{L}_{(G)}}{dt} = \vec{N}_{(G)} \tag{3.48}$$

これから,「質点系の重心まわりの全角運動量の時間的な変化割合は,内力に関係せず,重心まわりの全外力によるモーメントに等しい」ことがわかる。

3.7　剛体の運動方程式

3.4節で剛体の自由度は6であることを学んだ。そして剛体の運動は,適当な代表的な点を決め,その代表点の3次元空間での移動(並進運動)とその代表点まわりで向きを変える運動(回転運動)に分けて取り扱うことができる。**図3.13**では重心Gを代表点にとり,その座標(x_G, y_G, z_G)によって位置を,またオイラー角(θ, φ, ψ)によって姿勢を定めている。

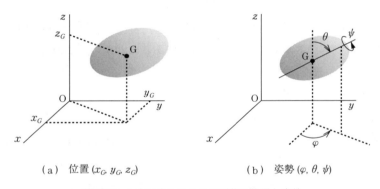

（a）位置 (x_G, y_G, z_G)　　　　　（b）姿勢 (φ, θ, ψ)

図3.13　3次元空間における剛体の位置と姿勢

前節で取り扱った質量をもたない剛性の棒で結ばれた質点系は,実質的には剛体と同じである。したがって,そこで得られた運動方程式は質量が連続分布した剛体の場合でも用いることができる。すなわち,並進運動の方程式は

$$M\frac{d\ddot{\vec{r}}_G}{dt} = \sum_i \vec{F}_i \tag{3.49}$$

であり,回転運動の方程式は

$$\frac{d\vec{L}_{(G)}}{dt} = \sum_i \left(\vec{r}_i{}' \times \vec{F}_i\right) = \vec{N}_{(G)} \tag{3.50}$$

である。これらを成分で書くと，つぎのようになる。

$$
\left.\begin{aligned}
M\frac{d\ddot{x}_G}{dt} &= \sum_i F_{xi} \\
M\frac{d\ddot{y}_G}{dt} &= \sum_i F_{yi} \\
M\frac{d\ddot{z}_G}{dt} &= \sum_i F_{zi}
\end{aligned}\right\},\quad
\left.\begin{aligned}
\frac{dL_{(G)x}}{dt} &= \sum_i N_{(G)xi} \\
\frac{dL_{(G)y}}{dt} &= \sum_i N_{(G)yi} \\
\frac{dL_{(G)z}}{dt} &= \sum_i N_{(G)zi}
\end{aligned}\right\}
\quad (3.51)
$$

4

2自由度系の傾き振動

　一般に，回転機械に振動が発生すると，そのロータにはたわみ振動と同時に傾き振動が生じる。このようなとき，円板にはジャイロモーメント（後述）が働き，回転体の振動に特有の性質が現れる。本章では，傾き振動が現れる最も簡単なモデルとして，弾性軸の中央に円板が取り付けられた2自由度系の傾き振動を考える。

4.1　無減衰系の自由振動

4.1.1　運動方程式

　図 4.1 (a) は弾性軸の中央に円板が取り付けられたモデルを示す。製作誤差のため，円板の偏重心はないが，円板の慣性主軸 GA（材料が均一で，円板面に垂直と仮定する）は z 軸からわずかに傾いて取り付けられているとする。この傾いた角度 τ を**偏角**（skew angle）と呼ぶ。図 (b) に示すように，このロータが角速度 ω で回転するとき，円板の重心 G は並進運動を行わず，円板の傾き運動だけが現れると仮定する。このときの円板の傾き角を θ_1，円板の取付位置における弾性軸の傾きを θ とする。円板の傾き θ_1 は，円板の極慣性モーメントをもつ慣性主軸と z 軸のなす角を表す。図 4.1 (b) では，便宜上，角度 θ_1, θ, τ は同じ方向に書かれているが，一般には**図 4.2** のように 3 次元空間内でそれぞれ異なる方向に傾いた角度である。なお，これ以後，並進運動は考えないので，座標原点を G の代わりに O で表す。3 章の図 3.9 に示した投影角を用いると，角度が小さい場合には，これらの間につぎの関係がある。

4.1 無減衰系の自由振動

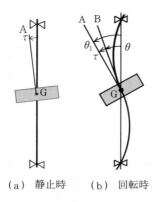

(a) 静止時　(b) 回転時

図 4.1 弾性軸の中央に円板をもつ系

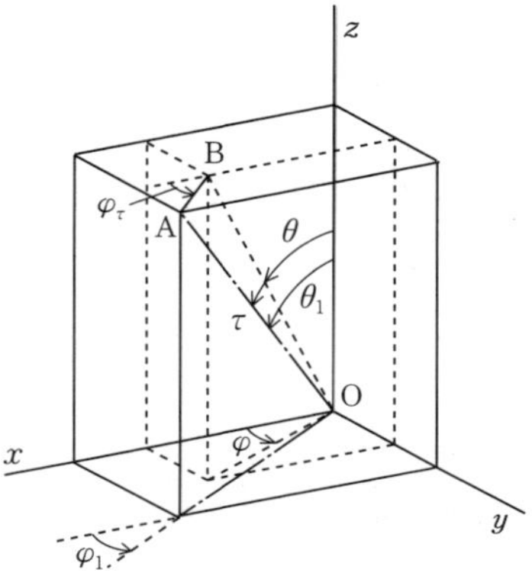

図 4.2 円板の傾きと弾性軸の傾き

$$\left.\begin{array}{l}\theta_{1x}=\theta_x+\tau\cos\varphi_\tau\\ \theta_{1y}=\theta_y+\tau\sin\varphi_\tau\end{array}\right\} \tag{4.1}$$

なお，偏角 τ の方向が x 軸と一致したときを時刻 $t=0$ とする。

傾き運動が生じている円板に外部からモーメント $\vec{N}(N_x, N_y, N_z)$ が働き，円板はその重心 G まわりに角運動量 $\vec{L}(L_x, L_y, L_z)$ をもっているとする。3 章で空間にある剛体の運動を支配する六つの方程式を導いて式 (3.51) を得た。図 4.1 の場合，重心 G の並進運動が拘束されているので，傾きに関するつぎの三つの式だけを考えればよい。

$$\frac{dL_x}{dt}=N_x, \qquad \frac{dL_y}{dt}=N_y, \qquad \frac{dL_z}{dt}=N_z \tag{4.2}$$

なお，表記の簡単化のため，式 (3.51) で用いた添字の (G) は省略した。以下では，つぎのような三つのステップで，θ_x, θ_y を用いた運動方程式を導く。

ステップ 1：慣性主軸方向の角速度成分を求める

図 4.3 では，ロータの角速度成分をオイラー角で表しているが，説明の便宜上，記号などについて 3 章の図 3.8 から多少修正してある。O-xyz は空間に固定された静止座標系，O-$\xi\eta\zeta$ は円板に固定された座標系である。図 4.3 は，O-xyz の位置にあった O-$\xi\eta\zeta$ 軸を図 (c) の位置まで移動させる三つの手順を示している。すなわち，図 (a) では，O-$\xi\eta\zeta$ 軸を z 軸（ζ 軸）まわりに角度 φ_1

4. 2自由度系の傾き振動

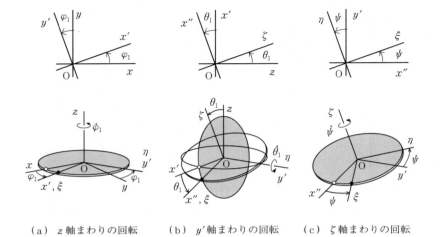

（a）z 軸まわりの回転　（b）y' 軸まわりの回転　（c）ζ 軸まわりの回転

図4.3 オイラー角で表した角速度成分

だけ回し，O-xyz の位置から O-$x'y'z$ の位置まで移動させる。図（b）では，y' 軸（η 軸）まわりに θ_1 だけ回して O-$x''y'\zeta$ の位置まで移動させる。最後に，図（c）では，O-$x''y'\zeta$ の位置から O-$\xi\eta\zeta$ の位置まで ζ 軸まわりに ψ だけ回転させる。オイラー角 θ_1，φ_1，ψ を用いると，円板の角速度は，z 軸まわりに角速度 $\dot{\varphi}_1$，y' 軸まわりに角速度 $\dot{\theta}_1$，ζ 軸まわりに角速度 $\dot{\psi}$ となる。以下では，単位ベクトルを $\vec{e}$ で表し，その方向に沿う座標軸を添字で示す（例：$\vec{e}_z$，$\vec{e}_\eta$ など）。したがって，円板の角速度ベクトル $\vec{\omega}$ は次式で表される。

$$\vec{\omega} = \dot{\varphi}_1 \vec{e}_z + \dot{\theta}_1 \vec{e}_{y'} + \dot{\psi} \vec{e}_\zeta \tag{4.3}$$

つぎに，これを円板の慣性主軸方向の単位ベクトルを用いて表す。3.3節の図3.7と対応させると，図4.3（a），（b），（c）に対応する変換は，それぞれつぎのようになることがわかる。

$$\left. \begin{array}{l} \begin{bmatrix} x \\ y \end{bmatrix} = \begin{bmatrix} \cos\varphi_1 & -\sin\varphi_1 \\ \sin\varphi_1 & \cos\varphi_1 \end{bmatrix} \begin{bmatrix} x' \\ y' \end{bmatrix}, \quad \begin{bmatrix} z \\ x' \end{bmatrix} = \begin{bmatrix} \cos\theta_1 & -\sin\theta_1 \\ \sin\theta_1 & \cos\theta_1 \end{bmatrix} \begin{bmatrix} \zeta \\ x'' \end{bmatrix} \\ \begin{bmatrix} x'' \\ y' \end{bmatrix} = \begin{bmatrix} \cos\psi & -\sin\psi \\ \sin\psi & \cos\psi \end{bmatrix} \begin{bmatrix} \xi \\ \eta \end{bmatrix} \end{array} \right\} \tag{4.4}$$

したがって，単位ベクトルを用いると

$$
\left.\begin{array}{l}
\vec{e}_x = \cos\varphi_1 \vec{e}_{x'} - \sin\varphi_1 \vec{e}_{y'} \\
\vec{e}_y = \sin\varphi_1 \vec{e}_{x'} + \cos\varphi_1 \vec{e}_{y'}
\end{array}\right\}, \quad
\left.\begin{array}{l}
\vec{e}_z = \cos\theta_1 \vec{e}_{\zeta} - \sin\theta_1 \vec{e}_{x''} \\
\vec{e}_{x'} = \sin\theta_1 \vec{e}_{\zeta} + \cos\theta_1 \vec{e}_{x''}
\end{array}\right\} \\
\left.\begin{array}{l}
\vec{e}_{x''} = \cos\psi \vec{e}_{\xi} - \sin\psi \vec{e}_{\eta} \\
\vec{e}_{y'} = \sin\psi \vec{e}_{\xi} + \cos\psi \vec{e}_{\eta}
\end{array}\right\}
\tag{4.5}
$$

となる。式 (4.5) を用いて式 (4.3) 中の $\vec{e}_z$, $\vec{e}_{y'}$ を $\vec{e}_{\xi}$, $\vec{e}_{\eta}$, $\vec{e}_{\zeta}$ で表すと

$$
\left.\begin{array}{l}
\vec{e}_z = \cos\theta_1 \vec{e}_{\zeta} + \sin\theta_1 \sin\psi \vec{e}_{\eta} - \sin\theta_1 \cos\psi \vec{e}_{\xi} \\
\vec{e}_{y'} = \cos\psi \vec{e}_{\eta} + \sin\psi \vec{e}_{\xi}
\end{array}\right\}
\tag{4.6}
$$

となるから，これを式 (4.3) に代入すると次式を得る。

$$
\vec{\omega} = \omega_{\xi}\vec{e}_{\xi} + \omega_{\eta}\vec{e}_{\eta} + \omega_{\zeta}\vec{e}_{\zeta}
\tag{4.7}
$$

ここに

$$
\left.\begin{array}{l}
\omega_{\xi} = \dot{\theta}_1 \sin\psi - \dot{\varphi}_1 \sin\theta_1 \cos\psi \\
\omega_{\eta} = \dot{\theta}_1 \cos\psi + \dot{\varphi}_1 \sin\theta_1 \sin\psi \\
\omega_{\zeta} = \dot{\psi} + \dot{\varphi}_1 \cos\theta_1
\end{array}\right\}
\tag{4.8}
$$

いま，傾き θ_1 が小さいと仮定すると $\sin\theta_1 \approx \theta_1$, $\cos\theta_1 \approx 1$ と近似でき，また投影角 $\theta_{1x} \approx \theta_1 \cos\varphi_1$, $\theta_{1y} \approx \theta_1 \sin\varphi_1$ を用い，さらに記号 $\psi + \varphi_1 = \Theta$ を用いると

$$
\left.\begin{array}{l}
\omega_{\xi} = \dot{\theta}_1 \sin(\Theta - \varphi_1) - \dot{\varphi}_1 \theta_1 \cos(\Theta - \varphi_1) = \dot{\theta}_{1x} \sin\Theta - \dot{\theta}_{1y} \cos\Theta \\
\omega_{\eta} = \dot{\theta}_1 \cos(\Theta - \varphi_1) + \dot{\varphi}_1 \theta_1 \sin(\Theta - \varphi_1) = \dot{\theta}_{1x} \cos\Theta + \dot{\theta}_{1y} \sin\Theta \\
\omega_{\zeta} = \dot{\psi} + \dot{\varphi}_1 = \dot{\Theta}
\end{array}\right\}
\tag{4.9}
$$

となる。なお，記号 Θ を用いたのは，その角度が静止座標上でのロータの回転角に相当し，後にロータの回転速度を求めるとき，この和 $\dot{\psi} + \dot{\varphi}_1$ が重要となるからである。すなわち，例えば図 4.1 の弾性軸端にモータを取り付けた場合，モータの回転速度は $\omega = \dot{\Theta}$ ($= \dot{\psi} + \dot{\varphi}_1$) で与えられる。

ステップ 2：慣性主軸方向の角運動量成分を求める

図 4.3 において，ξ, η, ζ 軸は円板の慣性主軸であり，1.3.2 項で説明したように，これらの慣性主軸まわりの慣性モーメントをそれぞれ I, I, I_p で表

す。角運動量ベクトル $\vec{L}$ の ξ, η, ζ 方向の成分は，式(4.9)より次式で与えられる。

$$\left.\begin{array}{l} L_\xi = I\omega_\xi = I\dot{\theta}_{1x}\sin\Theta - I\dot{\theta}_{1y}\cos\Theta \\ L_\eta = I\omega_\eta = I\dot{\theta}_{1x}\cos\Theta + I\dot{\theta}_{1y}\sin\Theta \\ L_\zeta = I_p\omega_\zeta = I_p\dot{\Theta} \end{array}\right\} \tag{4.10}$$

ステップ3：*x, y, z 軸方向の角運動量成分を求める*

式(4.2)を適用するため，x, y, z 軸方向の角運動量成分 L_x, L_y, L_z を求める。そのため，ξ, η, ζ 成分から x, y, z 成分への変換式を求める。まず，図4.3(a)において，共通の z 成分を追加し，x', y', z' 成分から x, y, z 成分への変換行列を求める。図(a)において共通の z 成分を考慮し，式(4.4)の第1式に $z=z$ を追加すると次式を得る。

$$\begin{bmatrix} x \\ y \\ z \end{bmatrix} = T_1 \begin{bmatrix} x' \\ y' \\ z \end{bmatrix} \quad \text{ここに} \quad T_1 = \begin{bmatrix} \cos\varphi_1 & -\sin\varphi_1 & 0 \\ \sin\varphi_1 & \cos\varphi_1 & 0 \\ 0 & 0 & 1 \end{bmatrix} \tag{4.11}$$

同様に，図(b)において共通の y' 成分を考慮し，式(4.4)の第2式に $y'=y'$ を追加すると

$$\begin{bmatrix} x' \\ y' \\ z \end{bmatrix} = T_2 \begin{bmatrix} x'' \\ y' \\ \zeta \end{bmatrix} \quad \text{ここに} \quad T_2 = \begin{bmatrix} \cos\theta_1 & 0 & \sin\theta \\ 0 & 1 & 0 \\ -\sin\theta_1 & 0 & \cos\theta_1 \end{bmatrix} \tag{4.12}$$

が得られる。さらに，図(c)において共通の ζ 軸を考慮して，式(4.4)の第3式に関係 $\zeta=\zeta$ を追加すると

$$\begin{bmatrix} x'' \\ y' \\ \zeta \end{bmatrix} = T_3 \begin{bmatrix} \xi \\ \eta \\ \zeta \end{bmatrix} \quad \text{ここに} \quad T_3 = \begin{bmatrix} \cos\psi & -\sin\psi & 0 \\ \sin\psi & \cos\psi & 0 \\ 0 & 0 & 1 \end{bmatrix} \tag{4.13}$$

を得る。したがって，式(4.11)〜(4.13)を順次代入していけば，変換式

$$\begin{bmatrix} x \\ y \\ z \end{bmatrix} = T \begin{bmatrix} \xi \\ \eta \\ \zeta \end{bmatrix} \tag{4.14}$$

を得る。ここに

$T = T_1 T_2 T_3$

$$= \begin{bmatrix} \cos\theta_1\cos\varphi_1\cos\psi - \sin\varphi_1\sin\psi & -\sin\varphi_1\cos\psi - \cos\theta_1\cos\varphi_1\sin\psi & \sin\theta_1\cos\varphi_1 \\ \cos\theta_1\sin\varphi_1\cos\psi + \cos\varphi_1\sin\psi_1 & \cos\varphi_1\cos\psi - \cos\theta_1\sin\varphi_1\sin\psi & \sin\theta_1\sin\varphi_1 \\ -\sin\theta_1\cos\psi & \sin\theta_1\sin\psi & \cos\theta_1 \end{bmatrix} \quad (4.15)$$

近似式 $\sin\theta_1 \approx \theta_1$, $\cos\theta_1 \approx 1$ を用い，さらに $\psi + \varphi_1 = \Theta$ の記号を用いると

$$T = \begin{bmatrix} \cos\Theta & -\sin\Theta & \theta_1\cos\varphi_1 \\ \sin\Theta & \cos\Theta & \theta_1\sin\varphi_1 \\ -\theta_1\cos\psi & \theta_1\sin\psi & 1 \end{bmatrix} \quad (4.16)$$

となる。この変換式を用い，θ_1 の2乗以上の微小項を無視すれば，式(4.10)より次式を得る。

$$\begin{bmatrix} L_x \\ L_y \\ L_z \end{bmatrix} = T \begin{bmatrix} L_\xi \\ L_\eta \\ L_\zeta \end{bmatrix} = \begin{bmatrix} -I\dot{\theta}_{1y} + I_p\dot{\Theta}\theta_{1x} \\ I\dot{\theta}_{1x} + I_p\dot{\Theta}\theta_{1y} \\ I_p\dot{\Theta} \end{bmatrix} \quad (4.17)$$

一定角速度 $\dot{\Theta} = \omega$ で回転しているときは，式(4.17)は次式となる。

$$\begin{bmatrix} L_x \\ L_y \\ L_z \end{bmatrix} = \begin{bmatrix} -I\dot{\theta}_{1y} + I_p\omega\theta_{1x} \\ I\dot{\theta}_{1x} + I_p\omega\theta_{1y} \\ I_p\omega \end{bmatrix} \quad (4.18)$$

つぎに円板に働く弾性軸の復元モーメントを考える。**図4.4**のように円板の取付位置における回転軸の接線OBがx軸から角度φの方向へθだけ傾くと，その投影角はxz面内でθ_x，yz面内でθ_yとなる。したがって，弾性軸の傾きに対するばね定数をδとすると，弾性軸の復元モーメントの大きさはxz面内で$\delta\theta_x$，yz面内で$\delta\theta_y$となる。すなわち

$$N_x = \delta\theta_y, \qquad N_y = -\delta\theta_x, \qquad N_z = 0 \quad (4.19)$$

式(4.18), (4.19)を式(4.2)に代入すると

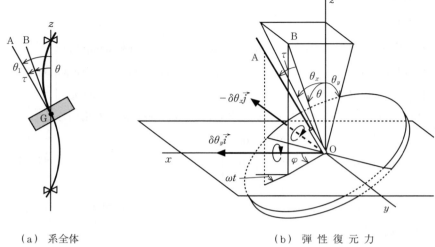

(a) 系全体　　　　　　　　　　　(b) 弾性復元力

図 4.4　弾性軸による復元モーメント

$$\left.\begin{array}{l}\dfrac{d}{dt}(-I\dot{\theta}_{1y}+I_p\omega\theta_{1x})=\delta\theta_y \\ \dfrac{d}{dt}(I\dot{\theta}_{1x}+I_p\omega\theta_{1y})=-\delta\theta_x\end{array}\right\} \quad (4.20)$$

を得る．ただし，式 (4.2) の第 3 式は 0 = 0 の関係式であるので省略した．式 (4.20) を整理すると

$$\left.\begin{array}{l}I\ddot{\theta}_{1x}+I_p\omega\dot{\theta}_{1y}+\delta\theta_x=0 \\ I\ddot{\theta}_{1y}-I_p\omega\dot{\theta}_{1x}+\delta\theta_y=0\end{array}\right\} \quad (4.21)$$

となる．

図 4.2 において，円板が一定角速度 ω で回転しているとき，偏角 τ の方向が xz 平面内に来たときを時刻 $t=0$ と選べば $\varphi_x=\omega t$ とおけるから，式 (4.1) より

$$\left.\begin{array}{l}\theta_{1x}=\theta_x+\tau\cos\omega t \\ \theta_{1y}=\theta_y+\tau\sin\omega t\end{array}\right\} \quad (4.22)$$

の関係がある．これを式 (4.21) に代入すると，弾性軸の傾き θ の成分 (θ_x, θ_y) に関する運動方程式が得られる．

4.1 無減衰系の自由振動

$$\left.\begin{array}{l} I\ddot{\theta}_x + I_p\omega\dot{\theta}_y + \delta\theta_x = (I - I_p)\tau\omega^2\cos\omega t \\ I\ddot{\theta}_y - I_p\omega\dot{\theta}_x + \delta\theta_y = (I - I_p)\tau\omega^2\sin\omega t \end{array}\right\} \quad (4.23)$$

4.1.2 自由振動と固有角振動数

偏角 $\tau=0$ の場合を考える。このとき式(4.23)は

$$\left.\begin{array}{l} I\ddot{\theta}_x + I_p\omega\dot{\theta}_y + \delta\theta_x = 0 \\ I\ddot{\theta}_y - I_p\omega\dot{\theta}_x + \delta\theta_y = 0 \end{array}\right\} \quad (4.24)$$

となる。2.1.2項で説明したように，ふれまわり運動を複素平面上の運動と対応づけて解析する。いま，実部を θ_x，虚部を θ_y に対応させた複素数

$$w = \theta_x + j\theta_y \quad (4.25)$$

を導入すると，式(4.24)は

$$I\ddot{w} - jI_p\omega\dot{w} + \delta w = 0 \quad (4.26)$$

となる。この自由振動解を

$$w = We^{jpt} \quad (4.27)$$

と仮定する。ここに，$W = Re^{j\alpha}$ である。式(4.27)を式(4.26)に代入すると，振動数方程式

$$Ip^2 - I_p\omega p - \delta = 0 \quad (4.28)$$

が得られる。これを解き，その二つの解を p_f, p_b とおくと

$$\left.\begin{array}{l} p_f = \dfrac{I_p\omega + \sqrt{(I_p\omega)^2 + 4\delta I}}{2I} > 0 \\ p_b = \dfrac{I_p\omega - \sqrt{(I_p\omega)^2 + 4\delta I}}{2I} < 0 \end{array}\right\} \quad (4.29)$$

となる。固有角振動数線図を描くと，**図4.5**のようになる。図(a)は円板状のロータ（$I_p>I$）の場合，図(b)は円柱状のロータ（$I_p<I$）の場合である。この図から，傾き振動の場合，固有角振動数は回転速度 ω の関数として変化し，p_f はつねに正で，前向きふれまわり運動の角速度を表し，p_b はつねに負で，後ろ向きふれまわり運動の角速度を表す。回転速度 ω が大きくなると，p_f

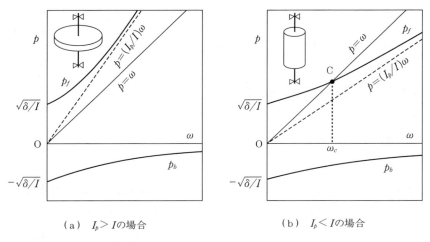

(a) $I_p > I$ の場合　　　　(b) $I_p < I$ の場合

図 4.5　2 自由度傾き振動系の固有角振動数線図

は直線 $p = (I_p/I)\omega$ に漸近し，p_b は零に漸近する。これらの性質は式 (4.29) から容易に証明できる。なお，記入してある直線 $p = \omega$ については，4.2 節で説明する。

式 (4.26) の一般解は

$$w = W_1 e^{jp_f t} + W_2 e^{jp_b t} = R_1 e^{j\alpha_1} e^{jp_f t} + R_2 e^{j\alpha_2} e^{jp_b t} \tag{4.30}$$

で与えられる。これを実部と虚部に分けて表すと，つぎのようになる。

$$\left.\begin{array}{l}\theta_x = R_1 \cos(p_f t + \alpha_1) + R_2 \cos(p_b t + \alpha_2) \\ \theta_y = R_1 \sin(p_f t + \alpha_1) + R_2 \sin(p_b t + \alpha_2)\end{array}\right\} \tag{4.31}$$

ここに，四つの実定数 R_1, α_1, R_2, α_2 は初期条件から定まる。この式は，自由振動が生じるとき，こまのように傾きながら角速度 p_f で前向きにふれまわる運動と角速度 p_b で後ろ向きにふれまわる運動から構成されることを示している。

4.1.3　ジャイロモーメント

図 4.6 は地球ゴマと呼ばれる玩具である。図 (a) のように，二つの保護枠の中に回転する円板と回転軸がある。回転軸の先端は円錐状に尖っており，保

4.1 無減衰系の自由振動

(a) 構　　造　　　　　　　　(b) 歳差運動

図 4.6　地球ゴマの運動

護枠に付いた凹状の受け皿（ピボット軸受）で支持されている．保護枠とそれに付いた部材は回転しない．

　一般に，高速で回っているこまは，外からモーメントが加わらなければ，回転軸の方向はつねに一定に保たれる．しかし，図(b)に示すように，この地球ゴマを白い円柱の上に傾けておくと，こまには重力 mg が下向きに働くとともに柱から抗力 R が上向きに働くので，それによるモーメントが働き，回転軸の方向は変化する．この図に示す重力 mg と抗力 R の方向を考えるとこまは下へ倒れるように思えるが，実際は破線に沿ってそれらの力と直交する方向へ移動する．このふれまわり運動は，こまの場合は**歳差運動**（precession）と呼ばれる．以上の二つの特性，すなわち

(1) モーメントが働かないときは，自転軸の方向を一定に保つ，

(2) モーメントが働くときは，モーメントの働く面に直角な方向に自転軸の向きが変わる，

という性質を**ジャイロ効果**（gyroscopic effect）と呼ぶ．

　さて，このこまの歳差運動の角速度を求めてみよう．簡単のため，**図 4.7** のように，こまの自転軸が水平の場合を考える．図中，O-xyz は静止座標系，

4. 2自由度系の傾き振動

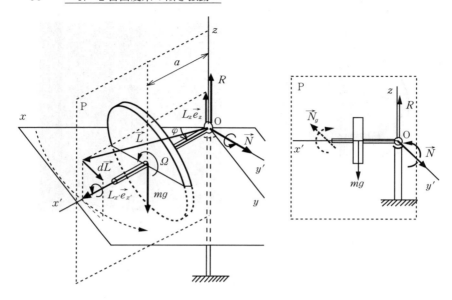

(a) 静止座標系 O-xyz 上で見た場合　　(b) 回転座標系 O-x'y'z' 上で見た場合

図 4.7　こまの歳差運動

$O\text{-}x'y'z$ はこまとともに z 軸まわりに回転する座標系である。こまが回転速度 Ω（図 4.3 の $\dot{\psi}$ に該当）で回転しているとき、仮にふれまわりをしていないとすると、こまは大きさ $L=I_p\Omega$ の角運動量をもち、この角運動量ベクトル $\vec{L}$ は水平面内で一定方向を向いている。ところが、このこまには、重力 mg と抗力 R によって大きさ mga（a はこまの重心と円柱の間の距離）のモーメント $\vec{N}$ が働くので、その方向に角運動量ベクトル $\vec{L}$ の増分が発生する。$\vec{N}$ は水平面内にあり y' 方向を向いているので、それによってつくられる $\vec{L}$ の増分も水平面内にあり、結局こまは落ちることなく、水平面内で移動していくことになる。一方、ふれまわり運動中の角運動量ベクトル $\vec{L}$ は、こまの軸（x' 軸）が x 軸となす角度を φ とすると

$$\vec{L} = L_x\vec{e}_{x'} + L_y\vec{e}_{y'} + L_z\vec{e}_z \quad (L_{x'}=I_p\Omega,\ L_{y'}=0,\ L_z=(I+ma^2)\dot{\varphi}) \quad (4.32)$$

で与えられる。こまが一定角速度 $d\varphi/dt = p$ でふれまわっているとき、微小時間 dt における角運動量 $\vec{L}$ の増分 $d\vec{L}$ は、$L_z\vec{e}_z$ が一定なので、ベクトル $L_x\vec{e}_{x'}$ の

方向変化によってつくられる。したがって

$$d\vec{L} = L_x d\varphi \vec{e}_{y'} = I_p \Omega d\varphi \vec{e}_{y'} \tag{4.33}$$

と表される。したがって，関係 $d\vec{L} = \vec{N}dt$，$\vec{N} = mga\vec{e}_{y'}$ より

$$I_p \Omega d\varphi = mga dt \tag{4.34}$$

を得る。式(4.34)より

$$p = \frac{mga}{I_p \Omega} \tag{4.35}$$

となる。

　図4.7の静止座標 O-xyz で上記のようにふれまわっているこまを，こまとともに移動しているP面（x'軸とz軸を含む面）に立って，すなわち回転座標系 O-$x'y'z$ 上で見るとこまは静止している。これを式で表すと

$$\frac{d\vec{L}}{dt} = \vec{N} \quad \rightarrow \quad \vec{0} = \vec{N} - \frac{d\vec{L}}{dt} \tag{4.36}$$

となる。すなわち，角運動量の変化率を表す左辺の項を右辺に移動して，$-d\vec{L}/dt$ を見掛けのモーメントと考えると，式(4.36)は，静力学的にはモーメントの釣合いの式と解釈できる（ダランベールの原理）。この見掛けのモーメント

$$\vec{N}_g = -\frac{d\vec{L}}{dt} = -\frac{I_p \Omega d\varphi}{dt} \vec{e}_{y'} = -I_p \Omega p \vec{e}_{y'} \tag{4.37}$$

を**ジャイロモーメント**（gyroscopic moment）と呼んでいる。すなわち，角運動量の変化率に負号（−）を付けた量として定義されるジャイロモーメントは，点Oを支点として重力によるモーメントに対抗してこまを起こすように働いており，その両者は大きさが等しく，釣り合っている。

　以上はこまの軸が水平となっている特別な場合を考えたが，一般の回転機械ではロータの対称軸の傾きは小さい。このような場合のジャイロモーメントの表現をつぎの例題で求める。

例題4.1　図4.8(a)のように，静止座標 O-xyz に対して角速度 ω で回転している円板が，一定角速度 p でふれまわっている場合を考える。このとき，円板に働くジャイロモーメントを求めよ。

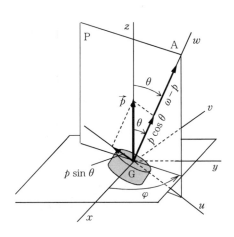
(a) 角速度ベクトルの変化量

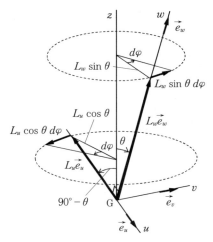
(b) 角運動量の変化量

図 4.8 角運動量ベクトルの増分の求め方

【解答】 図(a)において，z 軸と円板の対称軸 GA を含む鉛直平面 P 内で，GA 方向に w 軸，それと直角な方向に u 軸，さらに平面 P に直角方向に v 軸をとってある。平面 P が x 軸となす角度を φ とする。回転体が傾き θ を一定に保って定常ふれまわり運動をしている場合，平面 P は z 軸を中心軸として，角速度 $d\varphi/dt = p$ で回転している。この平面 P 上，すなわち回転座標系 O-uvw 内では，円板はその対称軸 GA のまわりに相対角速度 $\omega - p$ で回転している。したがって，この系は，対称軸 GA まわりの相対角速度 $\omega - p$ と z 軸まわりに角速度 p をもつ。円板の慣性主軸，すなわち u, v, w 軸方向の単位ベクトルをそれぞれ $\vec{e}_u, \vec{e}_v, \vec{e}_w$ とすれば，それぞれの方向の角速度成分は図(a)から

$$
\left.
\begin{array}{l}
u\text{軸方向}: \omega_u \vec{e}_u = -p\sin\theta\, \vec{e}_u \\
v\text{軸方向}: \omega_v \vec{e}_v = 0\, \vec{e}_v \\
w\text{軸方向}: \omega_w \vec{e}_w = \{p\cos\theta + (\omega - p)\}\vec{e}_w
\end{array}
\right\} \quad (1)
$$

となる。円板の極慣性モーメントを I_p，直径に関する慣性モーメントを I とすれば，この円板の角運動量は式(1)より次式で与えられる。

$$
\left.
\begin{array}{l}
u\text{軸方向}: L_u \vec{e}_u = -Ip\sin\theta\, \vec{e}_u \\
v\text{軸方向}: L_v \vec{e}_v = 0\, \vec{e}_v \\
w\text{軸方向}: L_w \vec{e}_w = I_p\{p\cos\theta + (\omega - p)\}\vec{e}_w
\end{array}
\right\} \quad (2)
$$

4.1 無減衰系の自由振動

ふれまわりに伴い，これらのベクトルの方向は変化する．したがって，微小時間 dt 間の角運動量の変化量は，式(2)および図(b)から

$$\left.\begin{array}{l} L_u \vec{e}_u \text{の変化量}： L_u \cos\theta\, d\varphi\, \vec{e}_v = -Ip \sin\theta \cos\theta\, d\varphi\, \vec{e}_v \\ L_v \vec{e}_v \text{の変化量}： 0\vec{e}_u \\ L_w \vec{e}_w \text{の変化量}： L_w \sin\theta\, d\varphi\, \vec{e}_v = I_p\{p\cos\theta + (\omega - p)\}\sin\theta\, d\varphi\, \vec{e}_v \end{array}\right\} \quad (3)$$

したがって，微小時間 dt における角運動量の変化量を $d\vec{L}$ とするとそれは式(3)に示す変化量の和となり

$$d\vec{L} = I_p\{p\cos\theta + (\omega - p)\}\sin\theta\, d\varphi\, \vec{e}_v - Ip \sin\theta \cos\theta\, d\varphi\, \vec{e}_v \qquad (4)$$

である．したがって，$d\varphi/dt = p$ に注意すると，ジャイロモーメント $\vec{N}_g$ は

$$\vec{N}_g = -\frac{d\vec{L}}{dt} = -\left[I_p\{p\cos\theta + (\omega - p)\} - Ip\cos\theta\right]p\sin\theta\, \vec{e}_v \qquad (5)$$

となる（Den Hartog, 1950；山本, 1956；Timoshenko, 1955）．式(5)は傾き角 θ の大きさにかかわらず成立することに注意する．

ここで前述した特別な場合を考えてみる．図4.7のように $\theta = 90°$ の場合は，$\sin\theta = 1$，$\cos\theta = 0$ であるから，式(5)は

$$-\frac{d\vec{L}}{dt} = -I_p(\omega - p)p\, \vec{e}_v = -I_p\Omega p\, \vec{e}_v \qquad (6)$$

となる．これは式(4.37)と一致する． ◇

ここから話を回転軸に戻す．いま，**図4.9**のように，両端を単純支持した弾性軸の中央に取り付けられた円板が，傾き角 θ でふれまわり運動を行っているとする．図(a)は前向きふれまわり運動，図(b)は後ろ向きふれまわり運動を表す．一般の回転機械では傾き角 θ は小さいので，例題4.1で得られたジャイロモーメントの式(5)に，$\sin\theta \approx \theta$，$\cos\theta \approx 1$ の近似を適用すると，$\vec{N}_g = -(I_p\omega - Ip)\theta p\vec{e}_v$ を得る．一方，運動方程式(4.24)に図4.8に示すふれまわり運動の表現 $\theta_x = \theta\cos pt$，$\theta_y = \theta\sin pt$ を代入すると

$$-(I_p\omega - Ip)p\theta + (-\delta\theta) = 0 \qquad (4.38)$$

を得る．これに単位ベクトル $\vec{e}_v$ を掛けると次式を得る．

$$-I_p\omega p\theta\vec{e}_v + Ip^2\theta\vec{e}_v + (-\delta\theta)\vec{e}_v = 0 \qquad (4.39)$$

となる．この表現は，回転座標上で見たモーメントの静的釣合いの式となっている（ダランベールの原理）．ここで，この各項で表されたモーメントの作用

70　　　4．2自由度系の傾き振動

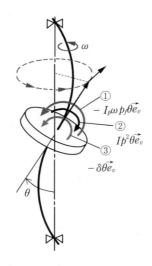

（a）前向きふれまわり運動　　　　（b）後ろ向きふれまわり運動

図4.9　ふれまわり運動とジャイロモーメントの向き

する方向を調べる。

　まず，軸が回転していない場合（$\omega=0$），すなわち回転していない弾性軸が振動しているときは，式(4.39)の第2項と第3項が残る。慣性項である第2項の係数は正（$Ip^2\theta>0$）であるので，図4.9の単位ベクトル$\vec{e}_v$を基準に考えれば，そのモーメントは②のように円板の傾き角θを大きくする方向，弾性復元モーメントを表す第3項の係数は負（$-\delta\theta<0$）であるので，それは③のように傾き角θを小さくする方向に作用する。そしてこの二つの項の釣合いの式から振動数 $p=\sqrt{\delta/I}$ が定まる。

　つぎに，回転するときに現れる第1項の作用を検討する。図4.9(a)に示す前向きふれまわり運動の場合，$p=p_f>0$であるので，その係数は負（$-I_p\omega p_f\theta<0$）となる。したがって，①のように回転軸の復元モーメントと同じ方向に作用するので，回転軸の見掛けの剛性は大きくなる。その結果，回転速度ωの増加とともに固有角振動数p_fは大きくなる。一方，図(b)に示す後ろ向きふれまわり運動の場合では，$p=p_b<0$であるので，その係数は正（$-I_p\omega p_b\theta>$

0)となる。したがって，①のように回転軸の復元モーメントと逆方向に作用するので，回転軸の見掛けの剛性は小さくなって，回転速度 ω の増加とともに固有角振動数 p_b の絶対値は小さくなる。

本節の最初にジャイロ効果として以下の二つの特性を挙げた。

(1) モーメントが働かないときは自転軸の方向が一定に保たれる。

(2) モーメントが働くときは，それに直角な方向に回転軸の向きを変える。

一般的にはこの二つの特性の他に以下の(3)もジャイロ効果と呼ばれる。

(3) 回転軸の固有角振動数は回転速度とともに変化する。

そして，その効果を生むモーメントをジャイロモーメントということもある（藤井，1957；山本，1970）。この場合，ジャイロモーメント $\vec{N}_g$ は，傾き角 θ が小さい場合には

$$\vec{N}_g = -I_p \omega p \theta \vec{e}_v \tag{4.40}$$

で与えられる。なお，式(4.40)は例題4.1の式(5)の一部となっている。

4.2 無減衰系の強制振動

先に，図4.1のように，円板が回転軸にわずかに τ だけ傾いて取り付けられた場合について，つぎの運動方程式を導いた。

$$\left.\begin{array}{l} I\ddot{\theta}_x + I_p \omega \dot{\theta}_y + \delta \theta_x = (I - I_p)\tau\omega^2 \cos\omega t \\ I\ddot{\theta}_y - I_p \omega \dot{\theta}_x + \delta \theta_y = (I - I_p)\tau\omega^2 \sin\omega t \end{array}\right\} \tag{4.41}$$

この節では，回転速度 ω を変化させたときのこの系の応答を調べる。2章で学んだように，図4.5の固有角振動数線図において，前向きの固有角振動数 p_f の曲線と直線 $p=\omega$ の交点で共振が起きる。図4.5の結果から，$I_p < I$ の場合には交点があり，$I_p > I$ の場合には交点がない。そこで，以下の場合に分けて説明する。

（i）$I_p < I$ の場合： 振動数方程式(4.28)において $p=\omega$ とおくと

$$(I - I_p)\omega^2 - \delta = 0 \quad \therefore \quad \omega = \sqrt{\frac{\delta}{I - I_p}} \ (\equiv \omega_c) \tag{4.42}$$

この解を記号 ω_c で表すことにする。この ω_c は危険速度を表し，図4.5(b)の交点Cの横座標で与えられる。いま，強制振動解をつぎのように仮定する。

$$\left.\begin{array}{l}\theta_x = P\cos(\omega t + \beta) \\ \theta_y = P\sin(\omega t + \beta)\end{array}\right\} \tag{4.43}$$

これを式(4.41)に代入し，両辺の $\sin(\omega t + \beta)$ と $\cos(\omega t + \beta)$ の係数をそれぞれ比較すると，次式を得る。

$$\left.\begin{array}{l}\{\delta - (I - I_p)\omega^2\}P = (I - I_p)\tau\omega^2\cos\beta \\ 0 = (I - I_p)\tau\omega^2\sin\beta\end{array}\right\} \tag{4.44}$$

この式から，危険速度より低速側 ($\omega < \omega_c$) では

$$P = \frac{(I - I_p)\tau\omega^2}{\delta - (I - I_p)\omega^2}, \qquad \beta = 0 \tag{4.45}$$

高速側 ($\omega > \omega_c$) では

$$P = \frac{(I - I_p)\tau\omega^2}{|\delta - (I - I_p)\omega^2|}, \qquad \beta = -\pi \tag{4.46}$$

式(4.45)，(4.46)を用いて振幅 P に関する応答曲線を描くと，**図4.10**(a)のようになる。回転速度 ω が危険速度 ω_c に近づくにつれ，振幅 P は急激に大きくなり，さらに速度が上がって $\omega \to \infty$ となると，振幅 P は大きさ τ になる。

このときの回転軸の傾き θ と偏角 τ の位置関係は，図(b)のように変化する。回転が始まると τ の方向へ回転軸が傾き，θ が増加していく。危険速度 ω_c 付近で共振して振幅が大きくなり，そこを超えると τ が θ の内側へ入る。回転速度が無限大になると，ロータの対称軸は上下の軸受を結ぶ線，すなわち軸受中心線と一致する。図中の矢印は，ロータの上半分と下半分の重心に働く遠心力をイラスト的に表現している。

(ⅱ) $I_p > I$ の場合： 同様な方法で振幅と位相角に関して次式を得る。

$$P = \frac{(I_p - I)\tau\omega^2}{\delta + (I_p - I)\omega^2}, \qquad \beta = 0 \tag{4.47}$$

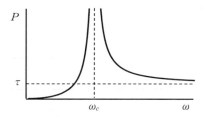

（a）振幅応答曲線

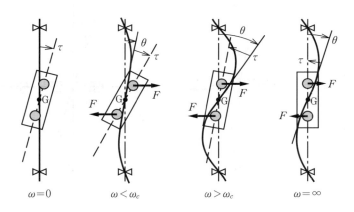

（b）回転軸の傾き θ と偏角 τ の位置関係

図 4.10 $I_p < I$ の場合の不釣合い応答

この場合，ジャイロ効果は大きく，前向き固有角振動数 p_f は急激に増大するので，直線 $p=\omega$ との交点はない．すなわち，危険速度は存在しない．振幅応答曲線を**図 4.11**（a）に示す．振幅は単調に大きさ τ に近づいていく．回転軸の傾きと偏角の位置関係を図（b）に示す．回転が始まると回転軸は τ と逆の方向へ傾き，θ は単調に増加していく．回転速度が無限大になると，円板の中心線が軸受中心線と一致し，振幅 P は大きさ τ になる．

74　　4. 2自由度系の傾き振動

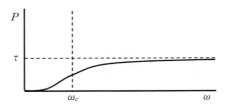

(a) 振幅応答曲線

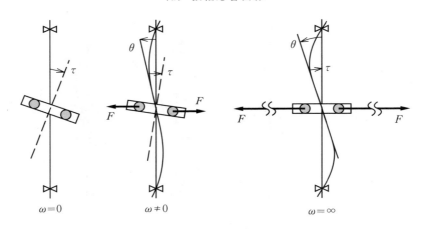

(b) 回転軸の傾き θ と偏角 τ の位置関係

図4.11 $I_p > I$ の場合の不釣合い応答

ノート

こまの歳差と章動

　こまにひもを巻き，ひもを急速に引いてこまを回転させながら空中に放り出すと，**図4.12** のようにこまは着地後，いったんは傾きながら地面の上を動き回り（図(a)），その後回転軸は起き上がり，やがてまっすぐ立って静かに回る（図(b)）。この状態のこまを**ねむりごま**（sleeping top）という。こまが立ち上がる理由は，軸の先端が丸みをもっており，こまと地面の接触点に摩擦力が働き，この摩擦力によるトルクがこまを立ち上がらせるためである（戸田，1980）。しばらくこの状態で静かにまわり，摩擦力や空気抵抗で回転角速度が減速し，ある角速度になると突然首を振り始める（図(c)）。なお，こまがふれまわるとき，軸の先端は，水平面内の角位置 φ が増加して円軌道を描くと同時に，鉛直面内の

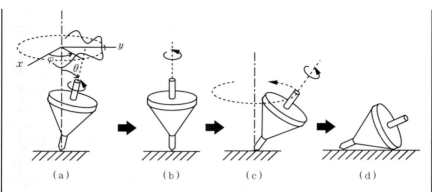

図 4.12 こまの運動の時間的変化

傾き角 θ が周期的に変動する。前者の運動を**歳差**(precession)あるいは**歳差運動**と呼ぶことはすでに述べたが,後者の運動は**章動**(nutation)と呼ばれる。

物理学の多くの本では,こまの運動はオイラー角を用いたオイラーの方程式で表されて解析される(小出,1980;Berger and Olson 著,戸田・田上 訳,1975)。以下はその解析結果の引用である。

こまの運動には,純粋な歳差運動(章動を伴わない歳差運動)と歳差運動と章動が同時に発生する運動の 2 種類がある。前者については回転速度 ω が大きいときには,つぎの二つの近似解が得られる。

$$\text{速い歳差運動} \quad \dot{\varphi} = \frac{I_p(\dot{\psi} + \dot{\varphi}\cos\theta)}{I\cos\theta} \tag{4.48}$$

$$\text{遅い歳差運動} \quad \dot{\varphi} = \frac{mga}{I_p(\dot{\psi} + \dot{\varphi}\cos\theta)} \tag{4.49}$$

後者は,こまを速く回したとき,ゆっくりした歳差運動と微小な章動が同時に現れる現象であり,つぎの近似解が得られている。初期条件を $t=0$ で $\dot{\varphi}=\omega_0$, $\varphi=0$, $\dot{\theta}=0$, $\theta=\theta_0$ とすると,歳差運動の角速度は

$$\dot{\varphi} = \omega_p - (\omega_p - \omega_0)\cos\omega_l t \tag{4.50}$$

であり,また章動の角速度については次式で与えられる。

$$\dot{\theta} = (\omega_p - \omega_0)\sin\omega_l t \, \sin\theta \tag{4.51}$$

ここに

$$\omega_p = \frac{mga}{I_p\omega}, \qquad \omega_l \frac{I_p\omega}{I} \tag{4.52}$$

である。

ノート

こまはいつ倒れるか？

　NHK に「超絶、凄ワザ」という企業の製造技術を競うテレビ番組がある（平成 28 年 3 月現在）。この番組では，これまで平成 26 年と同 27 年にそれぞれ 2 社が参加してこまがどれだけ長く回るかを競う対決があり，筆者の一人（石田）がコメンテータとして出演した。各対決では，与えられたこまの条件は，直径 5 cm 以内，高さ 6.5 cm 以内，重さ 500 g 以内であり，それ以外は形状，材料，加工方法も自由であった。最初こまに 1 500 rpm の回転速度を与えたのち，それを直径 2 cm の円柱台の上に載せ，どれだけ長く回り続けるかを競った。市販のこまでは数秒以内に円柱台から落下するが，4 社の結果は最も短いもので 17 分 55 秒，最も長いもので 32 分 24 秒の回転時間を達成した。このように長い間回り続けるこまをつくるには，材料の選択，精密な加工，こまの軸端の潤滑などさまざまな観点からの検討が必要であり，優れた超精密加工技術をもっている各社でも，相当な苦労があったようである。

　平成 27 年には（株）クリタテクノと（株）エクセディが参加した。**図 4.13**(a) は直径 2 cm の円柱台上で回っている両社のこまを示す。右の丸みのあるこまが最も長い回転時間を達成したエクセディ社のこまである。その概観と断面図を図(b)に示す。このこまの寸法が最適というわけではなく，また今後の番組継続のことも考えて，あえて具体的な寸法は伏せておく。実験では，まずロボットハンドで軸受部を把持し，こまの軸を 1 500 rpm で回転しているゴムパイプに押し付け，こまを 1 500 rpm で回す。その後，ロボットアームでこまを移動させて円柱台の上に静かに載せて手放す。したがって，図(c)のようにこまはねむりごまの状態から回転が始まる。きわめて精密に製作されているので，しばらくは微動だにせずに回転している（ねむりごま）が，軸先端の摩擦や空気抵抗のため，徐々に回転速度は下がる。図(c)〜図(f)は，回転の終盤のこまの様子を示す。なお，こまの傾きがよくわかるように，鉛直方向とこまの軸方向に白線を記入した。約 28 分経ったときこまは小さな傾きで歳差運動を始め（図(d)），それから約 2 分ほど経過すると歳差運動は収まって再びねむりごまとなり（図(e)），さらに約 2 分ほど経ったとき振動が急激に大きくなり（図(f)），始めてから 32 分 24 秒後に落下した（図(g)）。

　ここで，こまは回転数がいくらまで下がると倒れるかについて，これまで学んだ理論を用いて計算してみよう。機械工学における回転体力学と物理学におけるこまの理論を関連づけるため，最初に**図 4.14**(a)のようにこまの回転軸の上端

（a）2社対決でスタート（左：(株)クリタテクノ，右：(株)エクセディ）

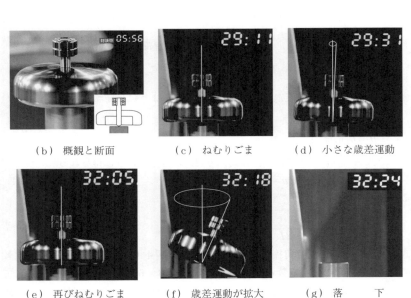

（b）概観と断面　　（c）ねむりごま　　（d）小さな歳差運動

（e）再びねむりごま　（f）歳差運動が拡大　（g）落　　下

図 4.13　NHK 凄ワザにおけるこまのふれまわり運動の経過

を軸受を介してばね（ばね定数 δ）で支えたモデルを考える．回転軸の下端は鋭く，その位置は移動しないとする．こまには偏角 τ がないものとし，式 (4.20) の右辺に重力によるモーメントを加えると，運動方程式はつぎのように得られる．

$$\left.\begin{array}{l} I\ddot{\theta}_x + I_p\omega\dot{\theta}_y + \delta\theta_x - mga\theta_x = 0 \\ I\ddot{\theta}_y - I_p\omega\dot{\theta}_x + \delta\theta_y - mga\theta_y = 0 \end{array}\right\} \quad (4.53)$$

この式は θ が小さいという前提で導いたことに留意する．一定の傾き角 θ で

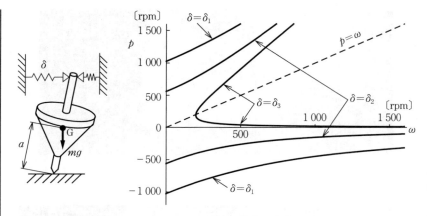

(a) 解析モデル　　　　　　(b) 固有角振動数線図

図 4.14　ばねで支持したこま

歳差運動をしていると仮定して，その解をつぎのように仮定する。

$$\left.\begin{array}{l}\theta_x = \theta \cos pt \\ \theta_y = \theta \sin pt\end{array}\right\} \tag{4.54}$$

これを式(4.53)に代入すると，振動数方程式がつぎのように得られる。

$$Ip^2 - I_p\omega p - \delta + mga = 0 \tag{4.55}$$

これを解くと

$$p = \frac{I_p\omega \pm \sqrt{(I_p\omega)^2 + 4I(\delta - mga)}}{2I} \tag{4.56}$$

式(4.56)を用いて固有角振動数線図を描くと，図4.14(b)のようになる。比較のため，3種類のばね定数 $\delta = \delta_1, \delta_2, \delta_3$ ($\delta_1 : \delta_2 : \delta_3 = 60 : 20 : 1$) の場合を示している。ばね定数 δ が比較的大きいときは式(4.56)の二つの解は実数であり，式(4.54)の歳差運動は任意の回転速度で実現する。しかし，ばね定数 δ が小さくなると，$\delta = \delta_3$ の例のように，ある回転速度以下では p の解は存在しないことがわかる。

つぎに，通常のこま，すなわちばね支持のない場合を図 4.15 に示す。この固有角振動数線図は，式(4.56)で $\delta = 0$ とおけば求まる。図4.14(b)と同様，図4.15(b)の回転速度 $\omega = \omega_1$ 以下では固有角振動数が存在しない。これは現象としてはこまが倒れることを意味する。正確にいえば，この回転速度 $\omega = \omega_1$ はこまが倒れ始める回転速度である。傾き角 θ が大きくなったときにはこの理論は適用できないので，さらに倒れ続けるか，そこで持ちこたえるかはここではわから

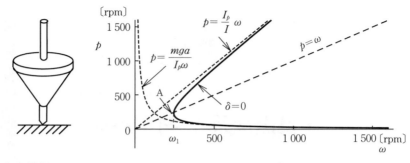

(a) 解析モデル　　　　　(b) 固有角振動数線図

図 4.15 こ　　ま

ない。

図 4.14(b) は傾き角 θ が小さいという前提での結果である。オイラーの運動方程式から得られた歳差運動の式 (4.48) と式 (4.49) は，θ が小さい場合，$\cos\theta \approx 1$ の近似を用いるとそれぞれ $\dot{\varphi} \approx I_p(\dot{\psi}+\dot{\varphi})/I = (I_p/I)\omega$，$\dot{\varphi} = mga/(I_p\omega)$ となる。これらの式の表す曲線を図 4.15(b) に記入してあるが，式 (4.56) の漸近線となっていることがわかる。なお，章動は，こまが倒れるか否かには影響しない。

こまが倒れ始める回転速度は振動数方程式 (4.55) で $\delta=0$ とおき，それが重根をもつ条件から求められる。その結果

$$\omega_1 = 2\sqrt{mgaI}/I_p \tag{4.57}$$

を得る。残念ながら「超絶、凄ワザ」の目的はこまを長く回すことであったので，経過時間だけを測定しており，回転速度の変化は記録されていない。したがって，番組でいくつの回転数でこまが倒れたかは不明であるが，図 4.15(b) 中の ω_1 の値が一つの参考になるであろう。「超絶、凄ワザ」の実験においてこまを長く回すには，こまの形状を工夫してこの回転速度 ω_1 を低速に設定すること，また摩擦を小さくして ω_1 まで回転数が下がる経過時間を長くすることが重要である。なお，I と I_p が m に比例するため，こまの質量は（摩擦力には影響するが）倒れる回転速度には無関係であることがこの式から理解できる。

図 4.15(b) において，こまが倒れる角速度 ω_1 の近くに，直線 $p=\omega$ と固有角振動数の曲線の交点 A がある。その角速度は主危険速度であり，そこでこまに残留するわずかな偏重心により共振現象が発生する。上述の NHK の「超絶、凄ワザ」の実験において約 28～30 分の間で小さなふれまわり運動が起きるのは，こまのもつ偏重心 e による共振現象と考えられる。

5

4自由度系と多円板系

円板が弾性軸の中央から外れた位置に取り付けられた系では,弾性軸のたわみ r と傾き θ が連成するため,たわみ振動と傾き振動が同時に発生する.本章ではそのようなモデルの振動について説明するとともに,関連するいくつかのモデルについてそれらの振動特性を説明する.

5.1 たわみと傾きが連成する4自由度系の振動

5.1.1 運動方程式

図5.1は,質量の無視できる弾性軸の中央から外れた位置に円板が取り付けられた解析モデルを示す.面Aは回転軸に直角な仮想面であり,その中心軸(ξ_0軸)は弾性軸のたわみ曲線の接線となっている.円板はそれから τ だけ傾いており(慣性主軸は ζ_1 軸),また円板の重心Gは軸の中心点Sから e だけ外れている.3.7節において,剛体の運動方程式は,式(3.51)のように,並進運動に関する三つの式と回転運動に関する三つの式から構成されることを学んだ.このモデルでは円板は座標系 O-xy を含む平面内でふれまわると近似できるので,重心の z 方向の変位 z_G に関する運動方程式は省略でき,また回転速度 ω が一定であると仮定すると角運動量 $L_{(G)z}$ に関する式は省略できるので,ここでは以下の四つの式を用いればよい.

$$\left.\begin{aligned} m\frac{d\ddot{x}_G}{dt} &= \sum_i F_{xi} \\ m\frac{d\ddot{y}_G}{dt} &= \sum_i F_{yi} \end{aligned}\right\}, \quad \left.\begin{aligned} \frac{dL_{(G)x}}{dt} &= \sum_i N_{(G)xi} \\ \frac{dL_{(G)y}}{dt} &= \sum_i N_{(G)yi} \end{aligned}\right\} \quad (5.1)$$

5.1 たわみと傾きが連成する4自由度系の振動

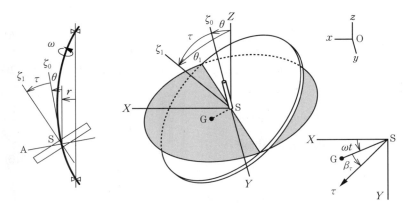

図 5.1 4自由度回転軸系の解析モデル

これらの式の左辺の項はすでに2章, 4章で導いた. 右辺の項は材料力学のはりのたわみ理論から導くことができる. すなわち, 両端が支持されたはりの一点に力 $\vec{F}(F_x', F_y')$ とモーメント $\vec{M}'(M_x', M_y')$ が作用するとき, その点に生じるはりのたわみと傾きをそれぞれ $r(x, y)$, $\theta(\theta_x, \theta_y)$ とすると, それらの間にはつぎの関係がある.

$$\left.\begin{array}{l} F_x = \alpha x + \gamma \theta_x \\ F_y = \alpha y + \gamma \theta_y \end{array}\right\}, \quad \left.\begin{array}{l} N_x = \gamma x + \delta \theta_x \\ N_y = \gamma y + \delta \theta_y \end{array}\right\} \tag{5.2}$$

ここに, α, γ, δ は回転軸のばね定数である. この式で与えられる大きさをもち, 符号を逆にした復元力と復元モーメントが式(5.1)の右辺の項となる. その結果, 次式が得られる.

$$\left.\begin{array}{l} m\ddot{x}_G = -(\alpha x + \gamma \theta_x) \\ m\ddot{y}_G = -(\alpha y + \gamma \theta_y) \\ I\ddot{\theta}_{1x} + I_p \omega \dot{\theta}_{1y} = -(\gamma x + \delta \theta_x) \\ I\ddot{\theta}_{1y} - I_p \omega \dot{\theta}_{1x} = -(\gamma y + \delta \theta_y) \end{array}\right\} \tag{5.3}$$

重心の位置と回転軸の変位, また円板の対称軸の傾きと回転軸の接線の傾きの間にはつぎの関係がある.

$$\left.\begin{array}{l}x_G = x + e\cos\omega t \\ y_G = y + e\sin\omega t\end{array}\right\}, \quad \left.\begin{array}{l}\theta_{1x} = \theta_x + \tau\cos(\omega t + \beta_\tau) \\ \theta_{1y} = \theta_y + \tau\sin(\omega t + \beta_\tau)\end{array}\right\} \quad (5.4)$$

ここに，β_τ は偏重心 e と偏角 τ のなす角を表す．式 (5.4) を式 (5.3) に代入すると次式を得る．

$$\left.\begin{array}{l}m\ddot{x} + \alpha x + \gamma\theta_x = me\omega^2 e\cos\omega t \\ m\ddot{y} + \alpha y + \gamma\theta_y = me\omega^2 e\sin\omega t \\ I\ddot{\theta}_x + I_p\omega\dot{\theta}_y + \gamma x + \delta\theta_x = (I - I_p)\tau\omega^2\cos(\omega t + \beta_\tau) \\ I\ddot{\theta}_y - I_p\omega\dot{\theta}_x + \gamma y + \delta\theta_y = (I - I_p)\tau\omega^2\sin(\omega t + \beta_\tau)\end{array}\right\} \quad (5.5)$$

これが4自由度のたわみ・傾き連成系の運動方程式である．

ノート

ばね定数 α, γ, δ の例

図 5.2 は，円板が取り付けられた円形断面の弾性軸の両端が支持された回転軸系を示す．図 (a) では両端が単純支持，図 (b) では両端が固定支持されている．軸の縦弾性係数を E，断面二次モーメントを I_0 とすると，材料力学の知識から，$a < b$ の場合，ばね定数は次式で与えられる．両端単純支持の場合は次式

$$\alpha = 3EI_0\frac{(a^2 - ab + b^2)l}{a^3 b^3}, \quad \gamma = -3EI_0\frac{(a-b)l}{a^2 b^2}, \quad \delta = 3EI_0\frac{l}{ab} \quad (5.6)$$

また，両端固定支持の場合は次式となる．

$$\alpha = 12EI_0\frac{(a^2 - ab + b^2)l}{a^3 b^3}, \quad \gamma = -6EI_0\frac{(a-b)l}{a^2 b^2}, \quad \delta = 4EI_0\frac{l}{ab} \quad (5.7)$$

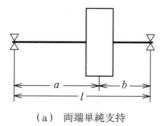 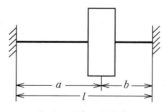

(a) 両端単純支持　　　　　(b) 両端固定支持

図 5.2　両端が支持された回転軸系

5.1.2 自由振動

運動方程式(5.5)において,偏重心を $e=0$,偏角を $\tau=0$ とおくと,自由振動を支配する運動方程式は次式となる。

$$\left.\begin{array}{l} m\ddot{x} + \alpha x + \gamma \theta_x = 0 \\ m\ddot{y} + \alpha y + \gamma \theta_y = 0 \\ I\ddot{\theta}_x + I_p \omega \dot{\theta}_y + \gamma x + \delta \theta_x = 0 \\ I\ddot{\theta}_y - I_p \omega \dot{\theta}_x + \gamma y + \delta \theta_y = 0 \end{array}\right\} \quad (5.8)$$

この式の第1式は θ_x を介して第3式と連成し,第2式は θ_y を介して第4式と連成し,さらに第3式は θ_y を介して第4式と連成しているので,結局これら四つの式はすべてたがいに連成し,x, y, θ_x, θ_y はすべて同時に変化することになる。式(5.8)を複素数 $w_r = x + jy$, $w_\theta = \theta_x + j\theta_y$ を用いて表すと

$$\left.\begin{array}{l} m\ddot{w}_r + \alpha w_r + \gamma w_\theta = 0 \\ I\ddot{w}_\theta - jI_p \omega \dot{w}_\theta + \gamma w_r + \delta w_\theta = 0 \end{array}\right\} \quad (5.9)$$

となる。この自由振動解を $w_r = Ae^{j(pt+\beta)}$, $w_\theta = Be^{j(pt+\beta)}$ とおき,これを式(5.9)に代入すると次式が得られる。

$$\left.\begin{array}{l} (\alpha - mp^2)A + \gamma B = 0 \\ \gamma A + (\delta + I_p \omega p - Ip^2)B = 0 \end{array}\right\} \quad (5.10)$$

この式で,振幅 A, B が零以外の値をもつためには,その係数行列式が零となる必要がある。その結果,次式を得る。

$$f(p) \equiv (\alpha - mp^2)(\delta + I_p \omega p - Ip^2) - \gamma^2 = 0 \quad (5.11)$$

これが4自由度回転軸系の振動数方程式である。式(5.11)において回転軸の角速度 ω を与えると,p に関する四つの解 ($p_1 > p_2 > 0 > p_3 > p_4$) が得られる。それを用いて描いた固有角振動数線図を**図 5.3**に示す。p_1 と p_2 は前向きふれまわりの固有角振動数を表し,角速度 ω の増加につれて大きくなり,それぞれ直線 $p = (I_p/I)\omega$ と $p = \sqrt{\alpha/m}$ に漸近する。一方,p_3 と p_4 は後ろ向きふれまわりの固有角振動数を表し,それらの絶対値は ω の増加につれて小さくなり,

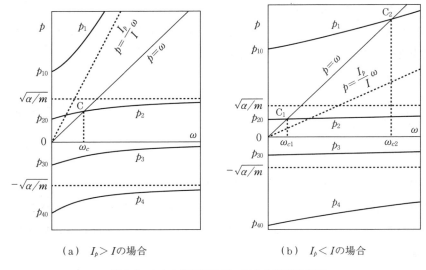

(a) $I_p > I$ の場合　　　　(b) $I_p < I$ の場合

図 5.3　4 自由度回転軸系の固有角振動数線図

それぞれ直線 $p=0$ と $p=-\sqrt{\alpha/m}$ に漸近する。

　直線 $p=\omega$ と前向きふれまわりの固有角振動数である p_1 曲線と p_2 曲線との交点の横座標が危険速度を与える。円板状の回転体（$I_p > I$）の場合には危険速度は一つ（点 C），円柱状の回転体（$I_p < I$）の場合には危険速度は二つ（点 C_1, C_2）ある。

┤ノート├

固有角振動数線図の測定例

　固有角振動数線図の測定例（Yamamoto, 1954）を紹介する。図 5.4(a) に示す鉛直回転軸の実験装置の寸法は以下のとおりである。円板の直径は 482.8 mm，厚さ 5.2 mm，軸長 508.7 mm，軸径 12 mm であり，$a:b=2.56:7.44$ の位置に円板が取り付けられている。図 (b) の〇印は，固有角振動数の実測値，実線の曲線は式 (5.11) から計算した結果である。計算結果の曲線に沿って，実験データが現れていることがわかる。なお，下部にこの回転軸系で発生したさまざまな共振現象（これらの発生原因は 6 章で解説する）が振幅応答曲線として描いてある。

5.1 たわみと傾きが連成する4自由度系の振動

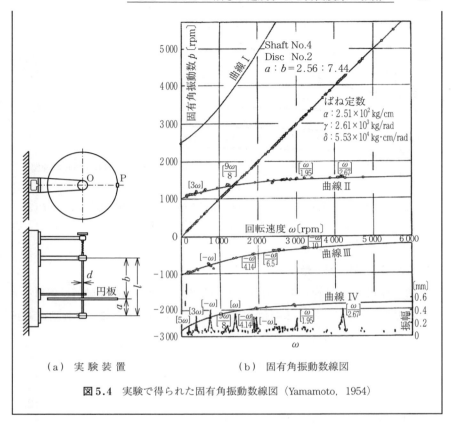

(a) 実験装置　　　　　(b) 固有角振動数線図

図 5.4 実験で得られた固有角振動数線図 (Yamamoto, 1954)

例題 5.1 半径 $R=25\,\mathrm{cm}$，厚さ $h=0.55\,\mathrm{cm}$ の円板が長さ $l=70\,\mathrm{cm}$，直径 $d=12\,\mathrm{mm}$ の円形断面の軸の一端から $14\,\mathrm{cm}$ の位置に取り付けられている。円板材料の比重は 7.8，軸の縦弾性係数は $E=206\,\mathrm{GPa}$ であり，軸の両端は単純支持されているものとする。固有角振動数線図を $0\sim4\,000\,\mathrm{rpm}$ の範囲で描け。

【解答】 各パラメータの値を計算する。円板の質量は $m=8.423\,\mathrm{kg}$，円板の直径に関する慣性モーメントと極慣性モーメントは例題 1.1，例題 1.2 の結果より

$$I = m\left(\frac{R^2}{4} + \frac{h^2}{12}\right) = 0.263\ \mathrm{kg\cdot m^2}, \qquad I_p = \frac{m}{2}R^2 = 0.132\ \mathrm{kg\cdot m^2} \tag{1}$$

軸のばね定数は式 (5.6) より

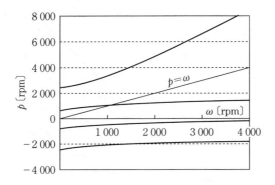

図 5.5　固有角振動数線図

$$\alpha = 2.328 \times 10^5 \text{ N/m}, \quad \gamma = -3.009 \times 10^4 \text{ N/rad}, \quad \delta = 5.616 \times 10^3 \text{ N·m/rad} \quad (2)$$

となる．これらの値を式(5.14)に代入して解くと**図 5.5**を得る．　　◇

5.1.3　強制振動

運動方程式(5.5)は線形微分方程式であるので，その強制振動解は偏重心 e による振動と，偏角 τ による振動の重ね合わせで表される．ここで強制振動解をつぎのように仮定する．

$$\left.\begin{aligned}
x &= P\cos(\omega t + \alpha_e) + Q\cos(\omega t + \alpha_\tau) \\
y &= P\sin(\omega t + \alpha_e) + Q\sin(\omega t + \alpha_\tau) \\
\theta_x &= P'\cos(\omega t + \alpha_e) + Q'\cos(\omega t + \alpha_\tau) \\
\theta_y &= P'\sin(\omega t + \alpha_e) + Q'\sin(\omega t + \alpha_\tau)
\end{aligned}\right\} \quad (5.12)$$

実際に解くときには，偏重心 e だけあるとして解を求め，つぎに偏角 τ だけあるとして解を求め，それらを加え合わせれば簡単である．その結果は

$$\left.\begin{aligned}
P &= \frac{m\omega^2\{\delta - (I - I_p)\omega^2\}e}{f(\omega)}, \quad Q = \frac{-(I - I_p)\omega^2 \gamma \tau}{f(\omega)} \\
P' &= \frac{-m\omega^2 \gamma e}{f(\omega)}, \quad Q' = \frac{(I - I_p)\omega^2(\alpha - m\omega^2)\tau}{f(\omega)}
\end{aligned}\right\} \quad (5.13)$$

ここに

$$f(\omega) \equiv (\alpha - m\omega^2)(\delta + I_p\omega^2 - I\omega^2) - \gamma^2 \quad (5.14)$$

である。式(5.14)は式(5.11)で$p=\omega$とおいた式であるので，危険速度で式(5.13)の分母が零となり，振幅が無限大となることがわかる。式(5.14)より，危険速度$\omega=\omega_c$は次式で与えられる。

$$\omega_c^2 = \frac{\alpha(I-I_p)+\delta m \pm \sqrt{\{\alpha(I-I_p)+\delta m\}^2 - 4m(I-I_p)(\alpha\delta-\gamma^2)}}{2m(I-I_p)} \quad (5.15)$$

一般に，$\alpha\delta-\gamma^2>0$であるので，$I_p>I$なら一つ，$I_p<I$なら二つの危険速度が存在することがこの式からもわかる。

5.2 剛性ロータを柔らかいばねで支持した系

5.2.1 運動方程式

剛性の高いロータが柔らかいばねで支持された回転機械において，軸受部の支持剛性がロータの剛性と比較してかなり小さければ，その機械は**図5.6**のようにモデル化される。実際の機械ではこのような剛性軸としての取扱いが必要となることも多い。剛体とみなせる回転体が，ばね定数k_1, k_2のばねと減

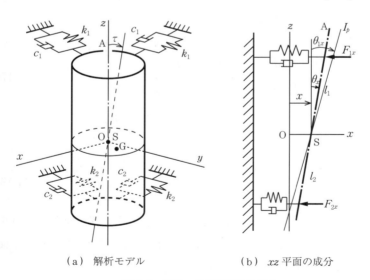

（a）解析モデル　　　（b）xz平面の成分

図5.6　剛ロータ柔支持のモデル

衰係数 c_1, c_2 のばねで支持されている．非回転時の静止平衡位置における回転体の中心線に z 軸を一致させ，重心 G のある断面の形心と一致する軸の中心 S の位置に原点を一致させた直交座標系 O-xyz を考える．製作誤差や質量不均一のため重心 G は中心線から e だけずれるとともに，慣性主軸 (I_p) の方向は中心線から τ だけ傾く．いま，重心 G が上下の軸受から距離 l_1, l_2 の位置にあるとする．

振動中の重心 G の変位を (x_G, y_G)，慣性主軸の傾きを $(\theta_{1x}, \theta_{1y})$ とする．回転体の運動量 (p_{Gx}, p_{Gy}) の微分は式 (3.51) の左辺，角運動量 (L_x, L_y) は式 (4.18) によって与えられている．回転体には軸受部からのばね力 (F_x, F_y) と復元モーメント (N_x, N_y) が作用する．このとき式 (3.51), (4.18) より

$$\left.\begin{array}{l} \dfrac{d}{dt}(m\dot{x}_G) = F_x, \quad \dfrac{d}{dt}(m\dot{y}_G) = F_y \\[6pt] \dfrac{d}{dt}(-I\dot{\theta}_{1y} + I_p\omega\theta_{1x}) = N_x, \quad \dfrac{d}{dt}(I\dot{\theta}_{1x} + I_p\omega\theta_{1y}) = N_y \end{array}\right\} \quad (5.16)$$

が成立する．いま軸上端の変位を (x_1, y_1)，下端の変位を (x_2, y_2) とし，また上端と下端に働くばね力と減衰力の和をそれぞれ (F_{1x}, F_{1y}), (F_{2x}, F_{2y}) とすると，式 (5.16) の各右辺は次式となる．

$$\left.\begin{array}{l} F_x = F_{1x} + F_{2x} = -k_1 x_1 - c_1 \dot{x}_1 - k_2 x_2 - c_2 \dot{x}_2 \\ F_y = F_{1y} + F_{2y} = -k_1 y_1 - c_1 \dot{y}_1 - k_2 y_2 - c_2 \dot{y}_2 \\ N_x = -l_1 F_{1y} + l_2 F_{2y} = l_1(k_1 y_1 + c_1 \dot{y}_1) - l_2(k_2 y_2 + c_2 \dot{y}_2) \\ N_y = l_1 F_{1x} - l_2 F_{2x} = -l_1(k_1 x_1 + c_1 \dot{x}_1) + l_2(k_2 x_2 + c_2 \dot{x}_2) \end{array}\right\} \quad (5.17)$$

ここに

$$\left.\begin{array}{ll} x_1 = x + l_1 \theta_x, & y_1 = y + l_1 \theta_y \\ x_2 = x - l_2 \theta_x, & y_2 = y - l_2 \theta_y \end{array}\right\} \quad (5.18)$$

の関係により，式 (5.17) を形心 M の横変位 (x, y) と中心線の傾き (θ_x, θ_y) を用いて表す．さらに重心 G の方向が x 軸となす角を ωt，慣性主軸が傾く平面と重心の方向とのなす角を β_τ（図 5.1 参照）とすると

5.2 剛性ロータを柔らかいばねで支持した系

$$\left.\begin{aligned} x_G &= x + e\cos\omega t, & \theta_{1x} &= \theta_x + \tau\cos(\omega t + \beta_\tau) \\ y_G &= y + e\sin\omega t, & \theta_{1y} &= \theta_y + \tau\sin(\omega t + \beta_\tau) \end{aligned}\right\} \quad (5.19)$$

の関係があるので，これを式(5.16)の左辺に代入する．結局，つぎの運動方程式が得られる．

$$\left.\begin{aligned} m\ddot{x} + c_{11}\dot{x} + c_{12}\dot{\theta}_x + \alpha x + \gamma\theta_x &= me\omega^2\cos\omega t \\ m\ddot{y} + c_{11}\dot{y} + c_{12}\dot{\theta}_y + \alpha y + \gamma\theta_y &= me\omega^2\sin\omega t \\ I\ddot{\theta}_x + I_p\omega\dot{\theta}_y + c_{21}\dot{x} + c_{22}\dot{\theta}_x + \gamma x + \delta\theta_x &= (I - I_p)\tau\omega^2\cos(\omega t + \beta_\tau) \\ I\ddot{\theta}_y - I_p\omega\dot{\theta}_x + c_{21}\dot{y} + c_{22}\dot{\theta}_y + \gamma y + \delta\theta_y &= (I - I_p)\tau\omega^2\cos(\omega t + \beta_\tau) \end{aligned}\right\} \quad (5.20)$$

ここに

$$\left.\begin{aligned} c_{11} &= c_1 + c_2, & c_{12} &= c_{21} = c_1 l_1 - c_2 l_2, & c_{22} &= c_1 l_1^2 + c_2 l_2^2 \\ \alpha &= k_1 + k_2, & \gamma &= k_1 l_1 - k_2 l_2, & \delta &= k_1 l_1^2 + k_2 l_2^2 \end{aligned}\right\} \quad (5.21)$$

とおいてある．この運動方程式の形は，弾性軸に1個の円板を付けた系の運動方程式(2.48)と（減衰項を除き）同じである．

5.2.2 自由振動と振動モード

不釣合い力と減衰力が作用しないときの運動方程式は，式(5.20)より

$$\left.\begin{aligned} m\ddot{x} + \alpha x + \gamma\theta_x &= 0 \\ m\ddot{y} + \alpha y + \gamma\theta_y &= 0 \\ I\ddot{\theta}_x + I_p\omega\dot{\theta}_y + \gamma x + \delta\theta_x &= 0 \\ I\ddot{\theta}_y - I_p\omega\dot{\theta}_x + \gamma y + \delta\theta_y &= 0 \end{aligned}\right\} \quad (5.22)$$

これは式(5.8)と同じである．したがって，図5.5の場合は$I > I_p$であるので，**図5.7**に示すように，二つの主危険速度ω_{c1}, ω_{c2}が存在する．

式(5.21)より，$k_1 l_1 - k_2 l_2 = 0$のときは$\gamma = 0$となり，たわみ振動と傾き振動は連成しなくなる．このときの振動数方程式は式(5.11)より

$$\left.\begin{aligned} \alpha - mp^2 &= 0 \\ \delta + I_p\omega p - Ip^2 &= 0 \end{aligned}\right\} \quad (5.23)$$

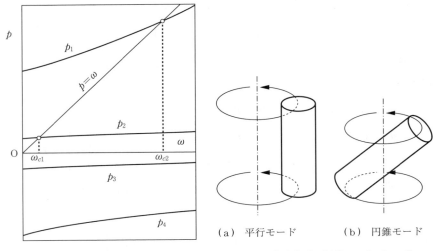

図5.7 固有角振動数線図 ($\gamma \neq 0$)　　図5.8 非連成系の振動モード ($\gamma = 0$)

となる．前者から求まる解 p_2, p_3 の振動は**図5.8**(a)のような**平行モード**（parallel mode），後者から求まる解 p_1, p_4 の振動は図(b)のような**円錐モード**（conical mode）となる．図5.6に示されたような $\gamma \neq 0$ である連成系では，$p_1, \cdots, p_4$ のいずれも重心G以外の点を頂点とする円錐状のモード形状でふれまわる．

5.3 複数の円板をもつ系の危険速度の簡易計算法

実際の回転機械には，数多くの円板が取り付けられたものが多い．最近では，有限要素法などの数値解析ソフトを用いるのであまり使われなくなったが，昔は危険速度を求める際に広く用いられていた近似解法を紹介する．これらの方法では，その計算精度があまりよくなかったり，あるいは最低次の危険速度だけしか求まらなかったりという制約があるが，簡便な方法であるため覚えておくと便利である．本節では**レイリーの方法**（Rayleigh's method）と**ダンカレーの公式**（Dunkerley formulas）を紹介する．

5.3.1 レイリーの方法（エネルギー法）

このレイリーの方法では，"保存系において，自由振動をしているとき，ばねに蓄えられたポテンシャルエネルギーの最大値は，その系の運動エネルギーの最大値に等しい"という原理に基づいて固有角振動数を計算する。その計算の手順はつぎのようである（Timoshenko, 1955）。

まず，振動中の弾性回転軸の静たわみ曲線を適当に仮定し，回転していない回転軸が，一平面内でこの変位の間を，ある任意の振動数で正弦的に振動していると仮定する。このときの運動エネルギーの最大値 $T_{\max}$ とポテンシャルエネルギーの最大値 $V_{\max}$ を計算し，それらを等しいとおくと，その式から固有角振動数の近似値が求まる。もし，このたわみ曲線が正確でなければ，真の固有角振動数よりやや大きな値になる。通常，最低次の危険速度を求めるときには，重力による回転軸の静たわみ曲線を振動中の変位曲線として用いるが，この場合の誤差は数 % 以内で，比較的小さいことが経験的に知られている。

この手法を，**図 5.9** のような n 個の円板が取り付けられた多円板系に適用する場合について説明する。ここで，i 番目の円板の質量を m_i，そこでの静たわみを δ_i とする。回転軸が，一平面内でこの静たわみ曲線と同じ形状で，正弦状にある角振動数 p で振動すると仮定すると，i 番目の円板の変位は $y_i = \delta_i \sin pt$ となる。このとき，曲がることによって蓄えられるポテンシャルエネルギーの最大値は

$$V_{\max} = \frac{1}{2}\sum_{i=1}^{n} m_i g \delta_i \tag{5.24}$$

で表される。また，運動エネルギーの最大値は，i 番目の円板の最大速度が $p\delta_i$ であることから

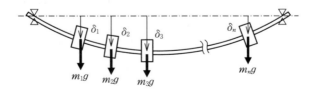

図 5.9 弾性回転軸の静たわみ

$$T_{\max} = \frac{p^2}{2}\sum_{i=1}^{n} m_i \delta_i^2 \tag{5.25}$$

となる．上記の原理から $V_{\max} = T_{\max}$ とおくと，固有角振動数 p，すなわち危険速度 ω_c がつぎのように求められる．

$$\omega_c = \sqrt{\frac{g\sum_{i=1}^{n} m_i \delta_i}{\sum_{i=1}^{n} m_i \delta_i^2}} \tag{5.26}$$

5.3.2 ダンカレーの公式

ダンカレー（Dunkerley, 1894）は，多自由度系の最低次の主危険速度を，関連するより簡単な系の危険速度から近似的に求める方法を経験的に見つけた．例えば，図5.9の多円板系において，その i 番目の円板だけが取り付けられた一円板系を考える．この場合の回転軸のばね定数を k_i，円板の質量を m_i とすると，この一円板系の危険速度 ω_i はつぎの式で与えられる．

$$\omega_i = \sqrt{\frac{k_i}{m_i}} \tag{5.27}$$

このような n 個の一円板系の危険速度が求まると，元の多円板系の一次危険速度 ω_{c1} は，つぎの式で求めることができる．

$$\frac{1}{\omega_{c1}^2} = \sum_{i=1}^{n} \frac{1}{\omega_i^2} \tag{5.28}$$

回転軸の質量を考慮する場合には，円板がないときの回転軸の危険速度 ω_s に関する項 $1/\omega_s^2$ を式(5.28)の右辺に追加する．

なお，レイリーの方法では真の値より大きく，ダンカレーの公式では真の値より小さい値となることが知られている．したがって，両方法を併用すれば，より正確な固有振動数の値が計算できる．

6

機械要素に起因する振動

　この章では，回転機械システムで用いられる機械要素に起因して発生する振動について解説する。機械要素としては転がり軸受と軸受台を取り上げ，それにより発生するさまざまな振動がどのような特徴をもつか，またその理解のため，これまで学んだ回転体力学の基礎理論がどのように用いられるかについて学ぶ。

6.1 玉軸受に起因する振動

　回転軸は**軸受**（bearing）によって支持される。軸受をその構造により分類すると，転動体によって支えられる転がり軸受，流体によって支えられる滑り軸受，磁気力によって支えられる磁気軸受などに分かれるが，使い方が簡便で安価なことから，転がり軸受が広く用いられている。転がり軸受では転動体として玉（球）あるいはころが使われており，技術的観点から使いやすいか，また経済的観点から使いやすいかを考慮すると，玉軸受が最も適している。特に，**図 6.1** に広く用いられている単列深みぞ玉軸受の構造を示す。この玉軸受では内輪と外輪と呼ばれる軌道輪の間に複数の鋼球が入っており，これらの玉の間隔は保持器によって等間隔に保たれている。

　代表的な 2 種類の玉軸受を**図 6.2** に示す。図 (a) は単列深みぞ玉軸受で，玉は外輪と内輪の両方に掘られたみぞの中を転がる。そのため，ラジアル方向だけでなくスラスト方向の荷重も支えることができる。玉がみぞにはまっているため，軸支持は固定支持となるが，玉とみぞの間にわずかなすき間が存在す

6. 機械要素に起因する振動

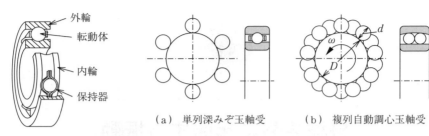

図 6.1 玉軸受の構造　　図 6.2 代表的な玉軸受

るため，内輪は外輪に対してわずかに移動することができる。一方，図(b)は複列自動調心玉軸受で，外輪の内面が球面の一部となっているため，内輪は外輪に対して自由に回転できる。その結果，これによる支持は単純支持となる。

転がり軸受に関連する振動と騒音に関して，転がり軸受では，約 1 000 Hz 以下は振動，それ以上は騒音として取り扱われているようである。回転軸を転がり軸受で支持すると，軸受の構造そのもの，あるいは軸受の幾何学的不完全さに起因して，さまざまな振動が発生する。これに関して，つぎのような観点から研究が行われている。

(1) 軸受の精度に起因する軸心軌跡のぶれの精度に関する研究
(2) 騒音に関する研究
(3) 転がり軸受で支持された弾性軸の共振現象に関する研究

この節では(3)について解説する。なお，線形振動に関する研究と非線形振動に関する研究があるが，ここでは線形振動に関して説明する。

6.1.1 転動体の直径の不ぞろいに起因する共振

精密につくられた軸受でも，転動体の大きさにはわずかな不ぞろいが避けられない。この不ぞろいのある転動体が回転することが原因となってさまざまな振動が発生する。図 6.2 に示すように，内輪の外径を D，玉の直径を d とすると，玉の公転角速度 ω_1 は次式で与えられる（山本・石田，2001）。

$$\omega_1 = \frac{D}{2(D+d)}\omega \quad (\equiv \alpha_1 \omega) \tag{6.1}$$

実験によると,内径 10 mm の複列自動調心玉軸受(1 200 番)では $a_1 \approx 0.377 \approx 3/8$,内径 10 mm の単列深みぞ玉軸受(6 200 番)では $a_1 \approx 0.361 \approx 13/36$ である.軸受の種類が違っても,ほぼ似たような値をもっている.この値は振動の発生原因を調べるときに重要となる.この不ぞろいに起因する 2 種類の振動を以下に示す.

〔1〕 **軸心のずれによる振動**(山本,1954a)　簡単のため,図 6.3(a)に示すように,上下対称なたわみ振動モデルを考える.図(b)に示すように,これら上下の軸受には一つだけ大きな玉が入っており,その結果,内輪の中心が e_0 だけ軸受中心(外輪の中心)からずれている.回転体に偏重心はないものとする.弾性復元力は回転軸の中心 $S(x, y)$ と上下内輪の中心を結ぶ線との距離によって決まるので,上下軸受内輪の中心の変位を (x_0, y_0) とすると,このモデルの運動方程式は,次式によって表される.

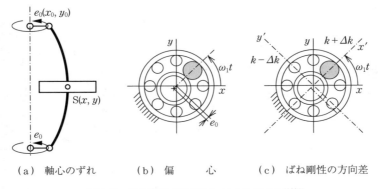

(a) 軸心のずれ　　(b) 偏　心　　(c) ばね剛性の方向差

図 6.3 玉の直径の不ぞろいによる二つの影響

$$\left.\begin{array}{l} m\ddot{x} = -k(x - x_0) \\ m\ddot{y} = -k(y - y_0) \end{array}\right\} \tag{6.2}$$

軸端の運動は

$$\left.\begin{array}{l} x_0 = e_0 \cos\omega_1 t \\ y_0 = e_0 \sin\omega_1 t \end{array}\right\} \tag{6.3}$$

で表されるから,これを式(6.2)に代入すると次式となる.

$$\left.\begin{array}{l} m\ddot{x}+kx=ke_0\cos\omega_1 t \\ m\ddot{y}+ky=ke_0\sin\omega_1 t \end{array}\right\} \quad (6.4)$$

したがって,玉の不ぞろいによって強制力が作用することがわかる.そして角振動数 ω_1($=\alpha_1\omega$)が系の固有角振動数 p の一つと一致したときに共振が起きる.

実験結果を図 6.4 に示す.図(a)は4自由度系の実験装置に対応する固有角振動数線図である.この図に直線 $p=\alpha_1\omega$ を引くと,曲線 p_2 と点 A で交わる.共振曲線を図(b)に示す.点 A に相当する 4 200 rpm 付近で,回転軸の角速度 ω の α_1 倍の振動数,すなわち玉の公転角速度に等しい振動数をもつ振動が発生している.

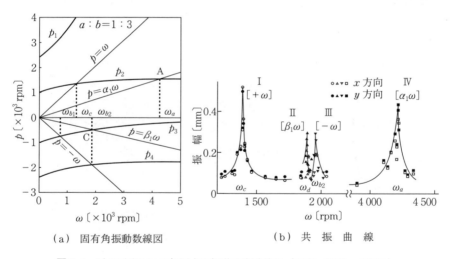

(a) 固有角振動数線図　　　(b) 共振曲線

図 6.4　玉の不ぞろいに起因する振動の実験結果(山本,1954a,1954b)

〔2〕 **ばね剛性の方向差による振動**(山本,1954b)　　玉の大きさに不ぞろいがあると,大きな玉の方向の軸端支持が固くなり,その結果,回転軸と軸受を合わせた全体のばね剛性に方向差が生まれる.これが原因となって共振現象が起きることがある.図 6.3(c)に示すように,回転軸の平均のばね剛性を k,方向差を Δk とすると,ばね剛性の高い方向(x' 方向)と低い方向(y' 方

向）の弾性復元力は

$$F_{x'} = -(k+\Delta k)x', \qquad F_{y'} = -(k-\Delta k)y' \tag{6.5}$$

で表される．これを静止座標の方向へ3.3節で述べた方法により変換し，式(2.1)に代入すると，つぎの運動方程式を得る．なお，ここでは偏重心 e も考えた．

$$\left.\begin{array}{l} m\ddot{x} + kx + \Delta k(x\cos 2\omega_1 t + y\sin 2\omega_1 t) = me\omega^2 \cos\omega t \\ m\ddot{y} + ky + \Delta k(x\sin 2\omega_1 t - y\cos 2\omega_1 t) = me\omega^2 \sin\omega t \end{array}\right\} \tag{6.6}$$

この式の形から，解の形を推察する．偏重心 e による励振力により，角振動数 ω の振動が発生する．これにより解の中に角振動数 ω の成分があると，それを Δk を係数にもつ項に代入すると，角振動数 $2\omega_1 - \omega$（$=(2\alpha_1-1)\omega$）の成分が派生する．するとこの振動成分がさらに別の振動数成分を派生させることになるが，いま $\Delta k/k$ が小さいと仮定して高次の微小量を省略すると，その強制振動解をつぎのように仮定することができる．

$$\left.\begin{array}{l} x = A\cos\omega t + B\cos\beta_1 \omega t \\ y = A\sin\omega t + B\sin\beta_1 \omega t \end{array}\right\} \tag{6.7}$$

ここに，$\beta_1 = 2\alpha_1 - 1$ である．この振幅は，$p = \sqrt{k/m}$ の記号を用いると

$$A = \frac{e\omega^2}{p^2 - \omega^2}, \qquad B = \frac{(\Delta k/m)e\omega^2}{(p^2-\omega^2)\{p^2 - (\beta_1\omega)^2\}} \tag{6.8}$$

となる．式(6.7)の第2項が玉の不ぞろいに起因する振動を表し，図6.4（a）において直線 $p = \beta_1\omega$ と曲線 p_3, p_4 の交点付近で共振し，その成分が大きくなる．図（b）では共振Ⅱがそれに相当する．この実験で用いられた玉軸受では，$\alpha_1 \approx 0.377$ であるので，$\beta_1 = 2\alpha_1 - 1 \approx -0.246 < 0$ となり，この振動は後ろ向きふれまわり振動である．

6.1.2 転動体通過による振動

〔1〕 **水平軸における玉通過振動**（山本，1957）　　重力が作用する水平な回転軸の場合，玉が回転軸の下側を通過するとき玉に荷重が加わるので玉が変

形する．図 6.5 のように，回転軸の回転に伴い玉の配置が周期的に変化し，その結果，内輪中心の位置が周期的に変動する．玉数が少ない単列深みぞ玉軸受ではこの変動が顕著に現れる．玉数を z，玉の公転角速度を ω_1 とすると，この上下の変動角速度は $z\omega_1$ である．すでに説明したように，直線運動は前向きと後ろ向きの二つの円運動に分解できるから，玉通過により角振動数 $+z\omega_1$ と $-z\omega_1$ の励振力が働くことになる．

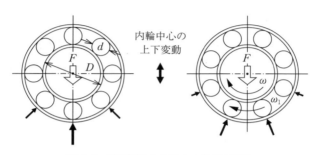

図 6.5 玉通過による軸心の位置の変化

実験結果を図 6.6 に示す．この実験では 6 200 番の単列深みぞ玉軸受が用いられたので，前述のように $z=6$，$\alpha_1 \approx 13/36$ であり，その結果 $\pm z\alpha_1 \approx \pm 13/6$ となる．図 6.4 と同様に，固有角振動数線図で直線 $p = \pm z\omega_1 = \pm (13/6)\omega$ を

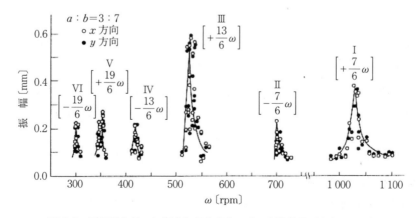

図 6.6 玉通過と軸の初期曲りが共存する系の実験結果（山本，1957）

書くと，これらの振動の発生回転速度がわかる。その結果，曲線 p_2 との交点 $\omega = 525$ rpm 付近で角振動数 $+(13/6)\omega$ の前向きの振動（共振Ⅲ），曲線 p_3 との交点 $\omega = 420$ rpm 付近で角振動数 $-(13/6)\omega$ の後ろ向きの振動（共振Ⅳ）が発生している。

なお，鉛直な回転軸においても，上下軸受の中心線にわずかな水平方向のずれがあれば，この種の共振が発生することがある。

〔2〕 **回転軸の初期曲がりと玉通過振動**（山本，1957）　回転軸に初期曲がりがあると，玉通過振動との複合作用によって，新たな共振が生じることがある。初期曲がりのある弾性軸の上下を単列深みぞ玉軸受で鉛直に支持し，それらの軸受の中心線に不一致があるとする。回転軸を準静的に回すと，上下軸受の中心線のずれの方向はある一定の方向を向いているが，軸の初期曲がりの方向は回転軸とともに回転するから，軸に加わる曲げモーメントの大きさは軸の角位置により変化する。さらに玉通過の影響を考慮に入れると，つぎの形の強制力 F が加わる。

$$F = (a + b\cos\omega t)\cos z\alpha_1 \omega t$$
$$= F_1 \cos z\alpha_1 \omega t + F_2 \cos(z\alpha_1 + 1)\omega t + F_3 \cos(z\alpha_1 - 1)\omega t \tag{6.9}$$

上式中，括弧の中の $b\cos\omega t$ は初期曲がりによる影響を表し，括弧の外の $\cos z\alpha_1 t$ は玉通過の影響を表す。この力は一方向を向いた力であるから，前向きと後ろ向きふれまわりの二つの力に分解できる。したがって，玉通過と軸の初期曲がりの共存によって，角振動数 $\pm z\alpha_1 \omega$ のみならず，角振動数 $\pm(z\alpha_1+1)\omega$ と $\pm(z\alpha_1-1)\omega$ の強制力が加わる。図 6.6 では，$\pm(z\alpha_1+1)\omega = \pm(19/6)\omega$ の角振動数をもつ共振Ⅴ，Ⅵと，$\pm(z\alpha_1-1)\omega = \pm(7/6)\omega$ の共振Ⅰ，Ⅱが発生している。

6.2　軸受台の剛性の方向差に起因する振動

通常，回転軸は軸受によって支持され，さらに軸受は軸受台で支えられている。**図 6.7** は，支持の剛性差が生じる例を示す。図（a）は軸受台が方向によっ

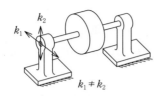　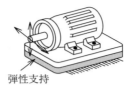　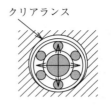

(a) 軸受台の方向差　　　(b) 防振ゴムによる支持　　(c) 軸受のクリアランス

図 **6.7**　支持の剛性差が生じる例

て少したわむ例である。このモデルでは，水平方向の剛性は鉛直方向の剛性より小さくなる。図(b)はモータの台を防振ゴムで弾性的に支持した例である。その結果，水平方向と鉛直方向で剛性差が現れる。図(c)は，軸受のクリアランスあるいははめあいの方向差に起因して剛性差が生じる例である。この節では，支持の方向差が生じる場合に発生する振動について説明する。

〔1〕 **弾性支持された2自由度系のたわみ振動**　　図 **6.8**(a)のように円板が中央に取り付けられ，その両端が方向によってばね定数の異なるばねで支持されている場合を考える。なお，簡単のため，回転軸の両端Bは同じ運動をすると仮定する。軸のばね定数をk，軸受台のばね定数をk_1, k_2（$k_1 < k_2$）とすると，全体のばね定数k_x, k_yはつぎのように表される。

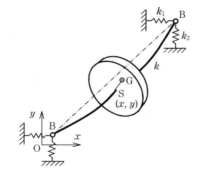　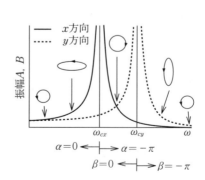

　　(a) 解 析 モ デ ル　　　　　　(b) 共 振 曲 線

図 **6.8**　支持剛性の方向差をもつたわみ振動系

6.2 軸受台の剛性の方向差に起因する振動

$$k_x = \frac{2k_1 k}{2k_1 + k} \quad (\equiv k - \Delta k), \qquad k_y = \frac{2k_2 k}{2k_2 + k} \quad (\equiv k + \Delta k) \tag{6.10}$$

k_x, k_y の方向差を考慮して $k_x = k - \Delta k$, $k_y = k + \Delta k$ とおく．回転軸の中心 $S(x, y)$ に関する運動方程式は次式となる．

$$\left. \begin{array}{l} m\ddot{x} + (k - \Delta k)x = me\omega^2 \cos\omega t \\ m\ddot{y} + (k + \Delta k)y = me\omega^2 \sin\omega t \end{array} \right\} \tag{6.11}$$

この場合，x 方向と y 方向の式は独立であるから，別々に解くことができる．

まず，$e = 0$ とおいた式から x, y 方向の危険速度 ω_{cx} と ω_{cy} を求めると

$$\omega_{cx} = \sqrt{\frac{k - \Delta k}{m}}, \qquad \omega_{cy} = \sqrt{\frac{k + \Delta k}{m}} \tag{6.12}$$

となる．つぎに $e \neq 0$ の場合についてそれぞれの式を解くと，x 方向は

$$x = A\cos(\omega t + \alpha), \quad A = \frac{e\omega^2}{|\omega^2 - \omega_{cx}^2|}, \quad \left. \begin{array}{l} \alpha = 0 \quad (\omega < \omega_{cx}) \\ \alpha = -\pi \quad (\omega > \omega_{cx}) \end{array} \right\} \tag{6.13}$$

また，y 方向は

$$y = B\sin(\omega t + \beta), \quad B = \frac{e\omega^2}{|\omega^2 - \omega_{cy}^2|}, \quad \left. \begin{array}{l} \beta = 0 \quad (\omega < \omega_{cy}) \\ \beta = -\pi \quad (\omega > \omega_{cy}) \end{array} \right\} \tag{6.14}$$

となる．図 6.8 (b) に応答曲線を示す．x, y 方向をペアにして式 (6.13)，(6.14) の運動を平面的に眺めると，回転軸は図中に示したような軌道を描く．すなわち，危険速度 ω_{cx} 以下では x 方向に長い前向き楕円軌道，ω_{cx} と ω_{cy} の間では後ろ向きの楕円または円軌道，ω_{cy} を越えると再び前向きの楕円軌道となる．回転速度領域 $\omega_{cx} < \omega < \omega_{cy}$ では，式 (6.13)，(6.14) を変形すると

$$\left. \begin{array}{l} x = A\cos(\omega t - \pi) = \frac{1}{2}(A - B)\cos(\omega t - \pi) + \frac{1}{2}(A + B)\cos(-\omega t + \pi) \\ y = B\sin\omega t \quad = \frac{1}{2}(A - B)\sin(\omega t - \pi) + \frac{1}{2}(A + B)\sin(-\omega t + \pi) \end{array} \right\} \tag{6.15}$$

となる．この式から，図 6.8 (b) で $A = B$ となる回転速度では後ろ向きの円運動をしていることがわかる．

〔2〕 **弾性支持された2自由度系の傾き振動**　**図6.9**(a)に，軸端の支持剛性に方向差がある2自由度の傾き振動系を示す．運動方程式は次式で表される．

$$\left.\begin{array}{l} I\ddot{\theta}_x + I_p\omega\dot{\theta}_y + (\delta - \Delta\delta)\theta_x = (I - I_p)\tau\omega^2\cos\omega t \\ I\ddot{\theta}_y - I_p\omega\dot{\theta}_x + (\delta + \Delta\delta)\theta_y = (I - I_p)\tau\omega^2\sin\omega t \end{array}\right\} \quad (6.16)$$

ここで $\Delta\delta/\delta$ は小さい量であるとする．図(b)に $\Delta\delta = 0$ の場合の固有角振動数線図を示す．

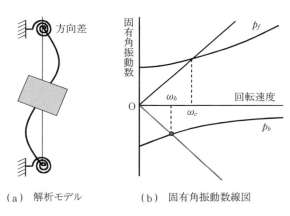

（a）解析モデル　　（b）固有角振動数線図

図6.9　支持に剛性の方向差をもつ傾き振動系

後ろ向きのふれまわり振動の共振は直線 $p = -\omega$ と曲線 p_b の交点で発生するが，その共振点 ω_b は不釣合い応答の危険速度 ω_c から十分離れている場合を考えることにして，同じ振動数（絶対値 ω）をもつ前向きと後ろ向きの成分を区別するため，式(6.16)を複素数表示する．記号 $w = \theta_x + j\theta_y$，$\overline{w} = \theta_x - j\theta_y$ を用いると

$$I\ddot{w} - jI_p\omega\dot{w} + \delta w - \Delta\delta\overline{w} = (I - I_p)\tau\omega^2 e^{j\omega t} \quad (6.17)$$

と表される．ここに記号バーは共役複素数を表す．解をつぎの形に仮定する．

$$w = Re^{j(-\omega t + \beta)} + Pe^{j\omega t} = Re^{j\beta}e^{-j\omega t} + Pe^{j\omega t} \quad (6.18)$$

これを式(6.17)に代入する．$\overline{e^{j\omega t}} = e^{-j\omega t}$，$\overline{e^{-j\omega t}} = e^{j\omega t}$ であることに注意すると

$$I(-\omega^2 Re^{\beta j}e^{-j\omega t} - \omega^2 Pe^{j\omega t}) - I_p\omega j(-j\omega Re^{\beta j}e^{-j\omega t} + j\omega Pe^{j\omega t})$$
$$+ \delta(Re^{\beta j}e^{-j\omega t} + Pe^{j\omega t}) - \Delta\delta(Re^{-\beta j}e^{j\omega t} + Pe^{-j\omega t})$$

$$= (I - I_p)\tau\omega^2 e^{j\omega t} \tag{6.19}$$

$e^{j\omega t}$ と $e^{-j\omega t}$ の係数をそれぞれ両辺比較し,振動数方程式 (4.28) の左辺を $f(p) = \delta + I_p\omega p - Ip^2$ とおくと,次式を得る。

$$\left.\begin{array}{l} f(\omega)P - \Delta\delta\left(Re^{-j\beta}\right) = (I - I_p)\tau\omega^2 \\ f(-\omega)R(\cos\beta + j\sin\beta) - \Delta\delta P = 0 \end{array}\right\} \tag{6.20}$$

共振点 $\omega = \omega_b$ 付近では $f(\omega)$ は小さくはならないが $f(-\omega)$ は小さな量となる。このことを考慮すると,式 (6.20) の $\Delta\delta$ を係数にもつ項は第1式では省略できるが,第2式では省略できない。その結果,前向きふれまわり振動については

$$P \approx \frac{(I - I_p)\tau\omega^2}{f(\omega)} \tag{6.21}$$

後ろ向きふれまわり振動については

$$\left.\begin{array}{l} \omega < \omega_b \text{のとき} \quad f(-\omega) > 0, \quad R = \dfrac{\Delta\delta P}{f(-\omega)}, \quad \beta = 0 \\ \omega > \omega_b \text{のとき} \quad f(-\omega) < 0, \quad R = \dfrac{\Delta\delta P}{f(-\omega)}, \quad \beta = -\pi \end{array}\right\} \tag{6.22}$$

で与えられる。応答曲線は主危険速度付近でのものと似た形状となる。

7

釣合せ

　これまでの章で，回転機械では製作誤差によって偏重心や偏角が避けられず，それによって振動が発生することを学んだ．この章では，これらの誤差を小さくするために行う方法について解説する．

　偏重心あるいは偏角の影響を小さくする操作を**釣合せ**，あるいは**バランシング**（balancing）という．ロータは，運転中にその弾性変形が無視できるものと，運転中に弾性変形するものとに分けられる．前者を**剛性ロータ**（rigid rotor），後者を**弾性ロータ**（flexible rotor）という．同じロータでも危険速度の約70％以下で運転するときには剛性ロータ，それ以上で運転する場合には弾性ロータとして取り扱う．また，釣合せは，回転させずに行う**静釣合せ**（static balancing）と，運転して行う**動釣合せ**（dynamic balancing）に分けられる．

7.1 釣合せの原理（剛性ロータ）

7.1.1 一面釣合せ

　ロータの厚さが薄い場合には，一つの面内で偏重心をなくせば実用的に問題ないこともある．**図7.1**(a)は，完全に水平な2本のナイフエッジをもつ静釣合い試験機である．ナイフエッジの代わりにベアリングを用いることもある．この上にロータを静かに置くと，重心がつねに下側に移動し，重心の方向がわかるので，釣合いをとるためには，図(b)のように重心と反対方向（軽点A）に適当な大きさの修正おもりを付けるか，または軽点Aと反対の位置でロー

7.1 釣合せの原理（剛性ロータ） 105

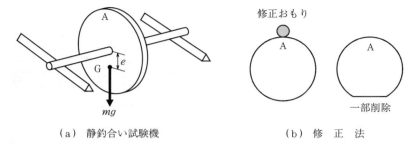

(a) 静釣合い試験機　　　　　　　(b) 修　正　法

図 7.1　一 面 釣 合 せ

タの一部を削り取る。これの結果，軸を水平位置にして回転しなければ完成である。これを**一面釣合せ**（single-plane balancing）という。ただし，この一面釣合せでは，残った偏角によるモーメントが許容できるほど十分に小さく，すなわち円板状のロータが軸に対してほぼ直角につくられていることが前提となる。ここで説明した方法は重力式と呼ばれる方法であるが，回転軸とナイフエッジの間に生じる摩擦により必ずしもロータの重心が真下に移動しないので，この方法では精度が十分に確保されない。そのため，一般にはロータを回転させ，遠心力を利用する方法（遠心力式）が用いられる。

7.1.2　二 面 釣 合 せ

一般に，剛性ロータでは**二面釣合せ**（two-plane balancing）という方法を用いて，偏重心と偏角を小さくする。図 7.2 にその釣合せ法の原理を示す。回転体の構造上，釣合いおもりを付ける修正面（Ⅰ面とⅡ面）の位置は決まっているので，その面内で，上記のように回転体の一部を削り取ったり，あるいは修正おもりを付加したりする。まず，偏重心の除去について説明する。図(a)において，ロータの質量を m，偏重心を e とする。ロータとともに回転する回転座標上では偏重心 e による遠心力 $\vec{F}=\vec{m e \omega^2}$ が現れるので，これと釣り合う遠心力を静力学的に求め，修正おもりを決めればよい。

いま，偏重心 e によって生じる不釣合い力を，半径 a_1, a_2 の回転体の表面に質量 m_1, m_2 の修正おもりを取り付けて打ち消す。それぞれの修正おもりに

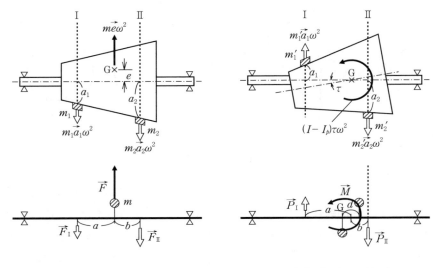

(a) 偏重心の除去　　　　　(b) 偏角の除去

図 7.2 二面釣合せの原理

よって生じる遠心力を $\vec{F}_\mathrm{I}$, $\vec{F}_\mathrm{II}$ とする．図 7.2 中の下の図はこれらの力の関係を示す．このとき，つぎの関係が成立しなければならない．

$$F_\mathrm{I} + F_\mathrm{II} = F, \qquad F_\mathrm{I} a = F_\mathrm{II} b \tag{7.1}$$

ここに，a, b はそれぞれ修正面 I, II から重心 G までの距離を表す．したがって，修正おもりでつくらなければならない遠心力 $F_\mathrm{I} = m_1 a_1 \omega^2$, $F_\mathrm{II} = m_2 a_2 \omega^2$ はつぎの大きさである．

$$F_\mathrm{I} = \frac{bF}{a+b}, \qquad F_\mathrm{II} = \frac{aF}{a+b} \tag{7.2}$$

つぎに，偏角の除去について説明する．図 7.2 (b) において，偏角によってモーメント $M = (I - I_p)\tau\omega^2$ が生じる．このモーメントを，質量 m_1', m_2' の修正おもりを取り付けることによって生じる遠心力 $P_\mathrm{I} = m_1' a_1 \omega^2$, $P_\mathrm{II} = m_2' a_2 \omega^2$ によるモーメントによって打ち消す．そのためには，つぎの関係が成立しなければならない．

$$P_\mathrm{I} a + P_\mathrm{II} b = M, \qquad P_\mathrm{I} = P_\mathrm{II} \tag{7.3}$$

したがって

$$P_\mathrm{I} = P_\mathrm{II} = \frac{M}{a+b} \tag{7.4}$$

となる。一般に，ロータには偏重心と偏角は共存するので，これらによる力を図 7.3 のように修正面 I, II 上でそれぞれベクトル的に合成して合力 $\vec{R}_\mathrm{I}, \vec{R}_\mathrm{II}$ を求め，それを生じさせるような修正おもりを取り付ける。この方法が二面釣合せであるが，以上の内容は原理を示しただけで，式 (7.2), (7.4) の右辺は未知量 a, b, F, M からなっているので，この方法でただちに修正おもりの大きさを決めることはできない。実際には，以下に示すような釣合い試験機を用いる。

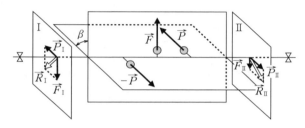

図 7.3　二面釣合せの原理

7.2　釣合い試験機（剛性ロータ）

釣合い試験機とは，回転機械の振動を減らす目的で，回転体の不釣合いを測定する機械であり，これを用いてロータのバランスをとる。剛性ロータのバランシングに用いられる釣合い試験機を分類すると，一面釣合い試験機と二面釣合い試験機に分けられる。先に，一面釣合い試験機について説明したが，偏重心 e と偏角 τ の両方を小さくするために広く用いられているのは，二面釣合い試験機である。これは遠心式のみであり，一般に**動的釣合い試験機**（dynamic balancing machine）というと，多くの場合この二面釣合い試験機を表す。この二面釣合い試験機はハード型とソフト型に分類される。

7.2.1 釣合い試験機(ハード型)

ハード型釣合い試験機では,図7.4(a)のように,支持部・ロータ系の危険速度ω_cより低い回転速度で運転して釣合いをとる。軸受部の変位は小さいので,変位ではなく軸受部に働く力を検出する。この試験機は強固で,大きな不釣合いを検出するのに適している。この試験機による操作手順を表7.1に示す。

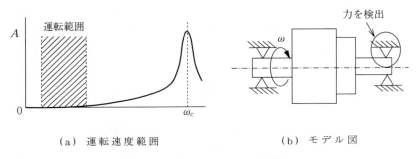

(a) 運転速度範囲　　　　(b) モデル図

図7.4 ハード型釣合い試験機

7.2.2 釣合い試験機(ソフト型)

ソフト型釣合い試験機では,図7.5(a)のように,支持部・ロータ系の危険速度ω_cより高い回転速度で運転して釣合いをとる。軸受部で変位を検出する。大きなロータの釣合せはできないが,精密な調整が可能である。この試験機による釣合せの操作手順を表7.2に示す。

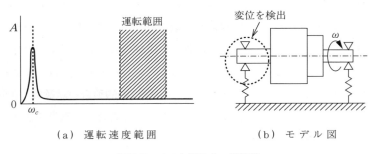

(a) 運転速度範囲　　　　(b) モデル図

図7.5 ソフト型釣合い試験機

7.2 釣合い試験機（剛性ロータ）

表7.1 ハード型釣合い試験機の操作手順

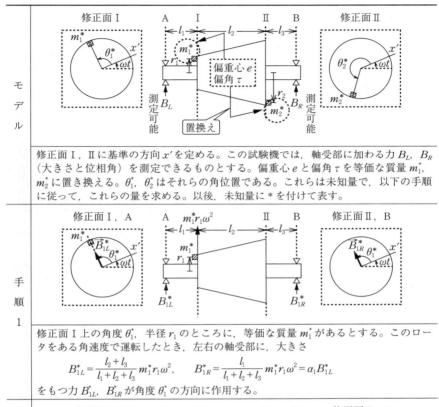

モデル：修正面I，IIに基準の方向 x' を定める．この試験機では，軸受部に加わる力 B_L, B_R（大きさと位相角）を測定できるものとする．偏重心 e と偏角 τ を等価な質量 m_1^*, m_2^* に置き換える．θ_1^*, θ_2^* はそれらの角位置である．これらは未知量で，以下の手順に従って，これらの量を求める．以後，未知量に * を付けて表す．

手順1：修正面I上の角度 θ_1^*，半径 r_1 のところに，等価な質量 m_1^* があるとする．このロータをある角速度で運転したとき，左右の軸受部に，大きさ

$$B_{1L}^* = \frac{l_2+l_3}{l_1+l_2+l_3} m_1^* r_1 \omega^2, \qquad B_{1R}^* = \frac{l_1}{l_1+l_2+l_3} m_1^* r_1 \omega^2 = \alpha_1 B_{1L}^*$$

をもつ力 B_{1L}^*, B_{1R}^* が角度 θ_1^* の方向に作用する．

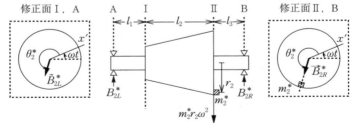

手順2：修正面II上の角度 θ_2^*，半径 r_2 のところに，等価な質量 m_2^* があるとすると，左右の軸受部に，大きさ

$$B_{2L}^* = \frac{l_3}{l_1+l_2+l_3} m_2^* r_2 \omega^2, \qquad B_{2R}^* = \frac{l_1+l_2}{l_1+l_2+l_3} m_2^* r_2 \omega^2 = \alpha_2 B_{2L}^*$$

をもつ力 B_{2L}^*, B_{2R}^* が角度 θ_2^* の方向に作用する．

表7.1 ハード型釣合い試験機の操作手順（つづき）

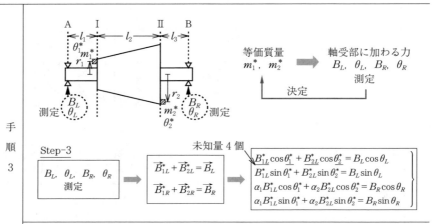

手順3

つぎに，等価質量 m_1^*, m_2^* が共存したとき，左右の軸受部に力が作用する。それらの力を測定して，それから逆に m_1^*, m_2^* を決定する。このときの軸受部に作用する力は m_1^* による力と m_2^* による力の和であるから，ベクトルで表すと真中のブロック内のようになる。この関係を成分で表すと，右のブロック内の四つの式が得られる。

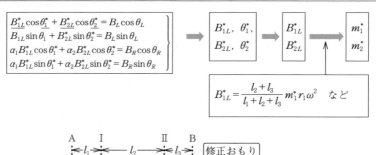

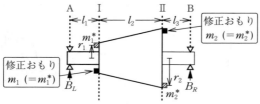

手順4

等価質量 m_1^*, m_2^* が共存したとき左右の軸受部で検出した軸受部に作用する力を測定した結果，大きさと角度 B_L, θ_L, B_R, θ_R がわかったとすると，これらから以前使ったこのような式を用いて m_1^*, m_2^* を求める。これが求まったら，これと同じ大きさの質量 m_1, m_2 を，等価質量 m_1^*, m_2^* と反対側の同じ半径の位置に取り付ける。

7.2 釣合い試験機（剛性ロータ）

表7.2 ソフト型釣合い試験機の操作手順

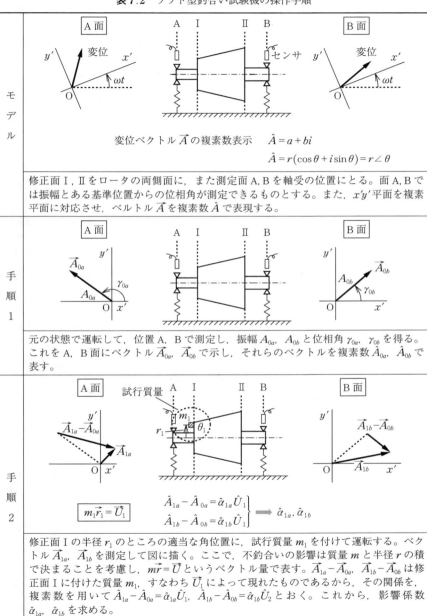

表7.2 ソフト型釣合い試験機の操作手順（つづき）

手順3	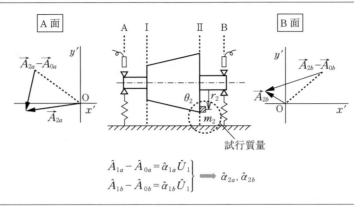 $$\left.\begin{array}{l}\hat{A}_{1a}-\hat{A}_{0a}=\hat{\alpha}_{1a}\hat{U}_1\\ \hat{A}_{1b}-\hat{A}_{0b}=\hat{\alpha}_{1b}\hat{U}_1\end{array}\right\} \Longrightarrow \hat{\alpha}_{2a},\hat{\alpha}_{2b}$$ 同様に，修正面IIの半径r_2のところの適当な角位置に，試行質量m_2を付けて運転する。ベクトル$\vec{A}_{2a}$, $\vec{A}_{2b}$を測定して図に描く。$\vec{A}_{2a}-\vec{A}_{0a}$, $\vec{A}_{2b}-\vec{A}_{0b}$は修正面IIに付けた質量$m_2$，すなわち$\hat{U}_2$によって現れたものであるから，その関係を，複素数を用いて$\hat{A}_{2a}-\hat{A}_{0a}=\hat{\alpha}_{2a}\hat{U}_2$, $\hat{A}_{2b}-\hat{A}_{0b}=\hat{\alpha}_{2b}\hat{U}_2$とおく。これから，影響係数$\hat{\alpha}_{2a}$, $\hat{\alpha}_{2b}$を求める。
手順4	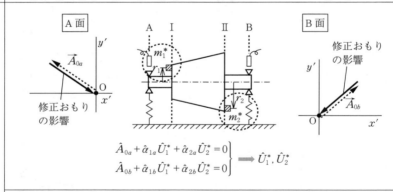 $$\left.\begin{array}{l}\hat{A}_{0a}+\hat{\alpha}_{1a}\hat{U}_1^*+\hat{\alpha}_{2a}\hat{U}_2^*=0\\ \hat{A}_{0b}+\hat{\alpha}_{1b}\hat{U}_1^*+\hat{\alpha}_{2b}\hat{U}_2^*=0\end{array}\right\} \Longrightarrow \hat{U}_1^*, \hat{U}_2^*$$ 修正おもりm_1^*, m_2^*（未知）を修正面I, IIに取り付けて，元の不釣合いを打ち消すことを考える。知りたい修正おもりを，$\hat{U}_1^*, \hat{U}_2^*$とおくと，それに上で求めた影響係数を掛ければ，修正おもりによってA面とB面で生じる振動が与えられる。それにより元の振動を打ち消したいので，釣合いがとれるためには，ここに書いた関係が成立しなければならない。初期変位$\hat{A}_{0a}, \hat{A}_{0b}$, 影響係数$\hat{\alpha}_{1a}$などはわかっているので，これを解けば$\hat{U}_1^*, \hat{U}_2^*$が求まる。それを修正おもりとして取り付ければよい。

7.2.3 不釣合いのさまざまな表現,その他

これまで,回転機械の不釣合いについて幾何学的な定義,すなわち偏重心と偏角を紹介し,釣合い試験機を用いてどのような手順でこれらの不釣合いを小さくするかについて述べた。この項では,釣合い試験機に関わる分野で用いられている重要なキーワードについて,その要点を解説する。

〔1〕 **不釣合いベクトル** 図7.6のように偏重心 $\vec{e}$ をもつ円板では,遠心力 $m\vec{e}\omega^2$ が働く。この力の影響をなくすには半径 $\vec{a}$ の位置に質量 m_1 を付け,つぎの関係

$$m\vec{e}\omega^2 + m_1\vec{a}\omega^2 = 0 \qquad (7.5)$$

が成立すればよい。この式によれば,釣合せの立場からは,偏重心 e そのものではなく,積 $m\vec{e}$ あるいは $m_1\vec{a}$ なる量が重要であることがわかる。このような理由から

$$\vec{U} = m\vec{e} \quad [\text{g·mm}] \qquad (7.6)$$

を定義し,これを**不釣合いベクトル**,あるいは単に**不釣合い**という。

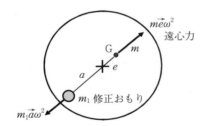

図7.6 修正おもりによる不釣合いの除去

〔2〕 **不釣合いの種類** バランシングの業界では,偏重心と偏角の代わりにつぎの用語が用いられる。

(a) **静不釣合い** ロータを回転せずに検出できる不釣合いである。静不釣合いをロータの質量で割った量を**比不釣合い**というが,式(7.6)より,これは偏重心 e に等しい(図7.7(a))。

(b) **偶不釣合い** 回転させることで初めて検出できる不釣合い,換言すれば,回転させないと検出できない不釣合いであり,偏角 τ に相当する(図(b))。

(a) 静不釣合い　　(b) 偶不釣合い　　(c) 動不釣合い

図7.7　不釣合いの分類

（**c**）　**動不釣合い**　　回転させると検出できる不釣合いであり，静不釣合いと偶不釣合いの両方を含む（図(c)）。

〔3〕　**釣合い良さの等級**　　釣合せた後に残る不釣合いを**残留不釣合い**，許容できる最大の残留不釣合いの大きさを**許容残留不釣合い**，あるいは単に**許容不釣合い**という。不釣合いは小さければ小さいほどよいが，その釣合せ作業はたいへんになる。その機械で実用上許容される許容残留比不釣合いを e_{per} 〔mm〕，またその機械の使用最高回転速度を ω 〔rad/s〕とするとき

$$e_{per}\omega \quad [\mathrm{mm/s}] \tag{7.7}$$

表7.3　釣合い良さの推奨値（JIS B 0905-1992引用（一部抜粋））

釣合い良さの等級	釣合い良さの上限値〔mm/s〕($e_{per}×\omega$)	ロータの種類—例
G4000	4 000	▶剛支持されたシリンダ数奇数の舶用低速ディーゼル機関のクランク軸系
G1600	1 600	▶剛支持された大形2サイクル機関のクランク軸系
G630	630	▶剛支持された大形4サイクル機関のクランク軸系
G250	250	▶剛支持されたシリンダ高速4シリンダディーゼル機関のクランク軸系
G100	100	▶6シリンダ以上の高速ディーゼル機関のクランク軸系
G40	40	▶自動車用車輪，リム，ホイールセットトラックおよび駆動軸
G16	16	▶農業機械の部品　▶自動車，トラックおよび鉄道車両用（ガソリン，ディーゼル）機関の部品
G6.3	6.3	▶遠心分離機ドラム　▶製紙ロール　▶ポンプ羽根車
G2.5	2.5	▶ガスタービン　▶蒸気タービン　▶工作機械主軸
G1	1	▶テープレコーダおよび音響機器の回転部　▶研削盤のといし軸
G0.4	0.4	▶精密研削盤のといし軸　▶ジャイロスコープ

を**釣合い良さ**（balance quality grade）という。この釣合い良さをG0.4〜G4 000 まで11の等級に分け，ある機械に対してどれだけの釣合い良さが要求されるかという観点から分類したものを**釣合い良さの等級**（G）と呼ぶ。JISでは，**表 7.3**と**図7.8**の線図を用いて示している。例えば，蒸気タービンでは，表7.3によればG2.5が推奨値とされており，もしそれが2 000 rpm以下で使われるならば，図7.8より許容残留比不釣合い e_{per} は1.3 μmであることがわかる。

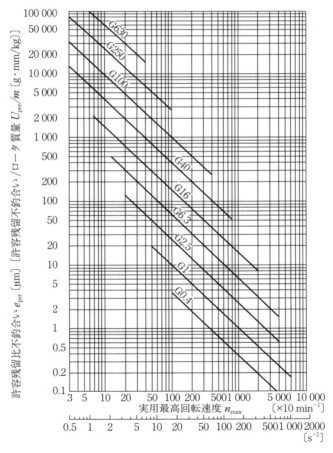

図7.8 釣合い良さの等級に対する許容残留比不釣合い（JIS B0905-1992引用）

7.3 弾性ロータの釣合せ

7.3.1 問題点と基本的な考え方

前節までに,剛性ロータのバランシングについて説明したが,それらの方法は回転速度が高くなってロータが変形するような場合には適用できない。例えば,図7.9(a)は,釣合い条件 $F_I + F_{II} = F$, $aF_I = bF_{II}$ が満たされ,剛性ロータとして静不釣合いがほぼ取り除かれた状態を示している。しかし,回転速度が1次モードの危険速度に近づき,わずかな残留不釣合いのため図(b)のように回転軸の弾性変形が顕著になると,回転体と釣合いおもりの重心位置が軸のたわみによって変化する。その結果,作用する遠心力が変化し,釣合い状態が崩れる。

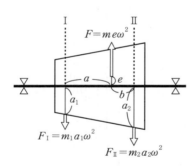 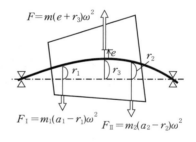

(a) 釣合いのとれた状態　　　　　(b) 共振点付近で変形した状態

図7.9 ロータの変形による釣合いの崩れ

連続回転軸の場合,図7.10に示すように,偏重心 $e(s)$ は回転軸の長さ方向の位置 s の関数として空間的に変化する。修正面 I,II に質量 m_1, m_2 を付加して釣合いをとる条件は,これまで説明した剛性ロータと同じ考え方を適用すれば次式となる。図7.10を参照すると,まず遠心力の総和が零となる条件はロータとともに回転し,たがいに直交する ξ 軸方向と η 軸方向について

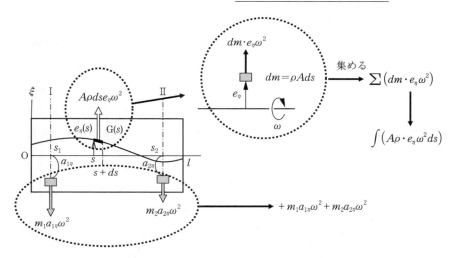

図 7.10 剛性ロータの釣合せと同じ考え方を適用した釣合せ法

$$\left.\begin{array}{l}\int_0^l A\rho e_\xi(s)\omega^2 ds + m_1 a_{1\xi}\omega^2 + m_2 a_{2\xi}\omega^2 = 0 \\ \int_0^l A\rho e_\eta(s)\omega^2 ds + m_1 a_{1\eta}\omega^2 + m_2 a_{2\eta}\omega^2 = 0\end{array}\right\} \quad (7.8)$$

で与えられる．ここに，A は軸の断面積，ρ は密度である．さらに遠心力によるモーメントが軸受に作用しない条件は

$$\left.\begin{array}{l}\int_0^l A\rho e_\xi(s)\omega^2 s\,ds + m_1 a_{1\xi}\omega^2 s_1 + m_2 a_{2\xi}\omega^2 s_2 = 0 \\ \int_0^l A\rho e_\eta(s)\omega^2 s\,ds + m_1 a_{1\eta}\omega^2 s_1 + m_2 a_{2\eta}\omega^2 s_2 = 0\end{array}\right\} \quad (7.9)$$

である．

しかし，ある回転速度でこれらの条件が満足されても，回転速度が変化して弾性軸が変形すると釣合いの条件が崩れることは，上述の説明と同じである．これを完全に釣り合せるためには，$e(s)$ と同様に大きさが変化する連続分布修正おもりを不釣合いの反対側に取り付ける必要がある．しかし，これを実際に行うことは不可能である．以下では，弾性ロータの二つの代表的な釣合せ法を紹介する．

7.3.2 モード釣合せ法

〔1〕 **基本原理**　一様な断面をもち，両端が単純支持された連続回転軸は，無限個の固有角振動数をもつ。それらを小さいほうから p_1, p_2, p_3, … とおく。この一つ一つの固有角振動数に対応した振動の様式を**モード**（mode）という。図7.11に第1モードと第2モードの振動数とふれまわりの形状（モード関数あるいは固有関数と呼ぶ）を示す。ここに，l は回転軸の長さ，E はヤング率，I は断面二次モーメント，ρ は軸材料の密度である。

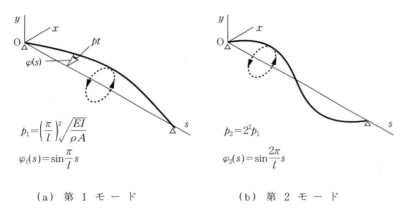

(a) 第1モード　　　　　　(b) 第2モード

図7.11　モード関数と振動モード形状

この回転軸を運転すると，**図7.12** のような共振曲線が得られる。ただし，この共振曲線は振動モード別に表示してある。

さて，モード解析の理論によれば，図7.10に示す偏重心の形状は，図7.11のモード関数を用いると，つぎのように展開できる。

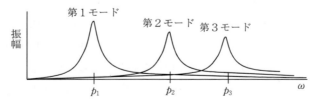

図7.12　振動モード別の強制振動応答

$$e(s) = \sum_{n=1}^{\infty} e_n \varphi_n(s) = e_1 \varphi_1(s) + e_2 \varphi_2(s) + e_3 \varphi_3(s) + \cdots \qquad (7.10)$$

ここに,$e_n = \dfrac{1}{Z} \int_0^l e(s) \varphi_n(s) ds$,$Z = \int_0^l \varphi_n(s)^2 ds$ である.図7.12に示すように,不釣合いの成分 $e_n \varphi_n(s)$ は第 n モードの振動を励振する.したがって,図7.12の各共振を小さくするためには,式(7.10)の不釣合いの各成分を小さくする必要がある.**図7.13**に,各モードの腹の部分に適当な修正おもりを付けて各振動成分が小さくなる様子をイラストで示す.図(a)は元の状態を示す.図(b)は第1モードの腹に修正おもりを付けて第1モードの共振を小さくした状態を示す.ただし,この修正おもりにより,第3モードの共振の大きさは影響を受けて変化する.図(c)は,さらに第2モードの腹に一対の修正おもりを付けて第2モードの共振を小さくした状態を示す.このとき,後述のように第1モードのバランスを損なわないような条件も付ける.これを繰り返していけば,低次から高次の共振ピークを順次小さくできる.ただし,この方法は,どこにでも修正おもりを取り付けることができるという前提にたっている.前述のように,実際の機械では修正面の設定位置が制約されている.そこで,つぎの方法で釣合せを行う.

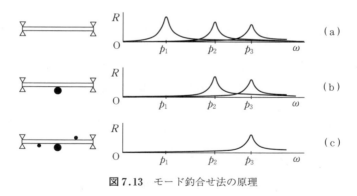

図7.13 モード釣合せ法の原理

〔2〕 **N 面モード釣合せ法**(Bishop et al., 1959) この方法では,N 個の修正面を用いて 1~N 次モードの振幅を小さくする.簡単のため,偏重心は一平面内にあるものとし,その面内に ξ 軸をとる.一般の場合は,偏重心は3次

元的に存在するため，直交二平面のそれぞれで本節で説明する方法を適用して合成すればよい．ここでは運転速度範囲を考慮して，第2モードまでの共振振幅を小さくすればよいものと仮定する．そのための修正面を $s=s_1, s_2$ の二つの位置に設定する．以下の各ステップでは，**表7.4**を参照しながら説明する．

ステップ1（表(a)）：元の偏重心のモード展開

固有関数 $\varphi_n(s)$（$n=1, 2, \cdots$）に直交性が成り立つものと仮定し，初期の偏重心 $e(s)$（未知）を式(7.10)のように展開できたと仮定する．

ステップ2（表(b)）：修正おもりによる偏重心のモード展開

修正おもり（質量 m_1, m_2）による偏重心 $e'(s)$ を固有関数列で展開する．そのため，初めに修正面Ⅰ，Ⅱにそれぞれ取り付けられる修正おもりの単位長さ当りの質量 m'_1, m'_2 を求める．修正おもりの占める長さを Δs とすると，それらは $m'_1 = m_1/\Delta s, m'_2 = m_2/\Delta s$ である．この部分の偏重心 $e'(s)$ は，単位長さ当りの軸の質量を $\rho A(s)$，修正おもりが取り付けられている位置の軸半径を a_1, a_2 とすると

$$e'(s) = \frac{m'_1 a_1}{\rho A} \quad \left(s_1 - \frac{\Delta s}{2} < s < s_1 + \frac{\Delta s}{2}\right) \tag{7.11}$$

および

$$e'(s) = \frac{m'_2 a_2}{\rho A} \quad \left(s_2 - \frac{\Delta s}{2} < s < s_2 + \frac{\Delta s}{2}\right) \tag{7.12}$$

で与えられる．ここで，$\rho A \gg m'_1, m'_2$ である．この $e'(s)$ を式(7.10)と同様に展開すると，その n 次モードの係数はつぎのように求まる．

$$\begin{aligned}
e'_n &= \frac{m'_1 a_1}{\rho AZ} \int_{s_1 - \Delta s/2}^{s_1 + \Delta s/2} \varphi_n(s) ds + \frac{m'_2 a_2}{\rho AZ} \int_{s_2 - \Delta s/2}^{s_2 + \Delta s/2} \varphi_n(s) ds \\
&\to \frac{1}{\rho AZ} \left\{ m_1 a_1 \varphi_n(s_1) + m_2 a_2 \varphi_n(s_2) \right\}
\end{aligned} \tag{7.13}$$

なお，この最後の項は $\Delta s \to 0$ としたときの極限値である．

ステップ3（表(c)）：修正おもり設置後の偏重心のモード展開

修正おもりを付けた後の表7.4(c)の偏重心 $\hat{e}(s)$ は，次式で表される．

$$\hat{e}(s) = e(s) + e'(s) = \sum \hat{e}_n \varphi_n(s) \tag{7.14}$$

表7.4 N面モード釣合せ法の手順

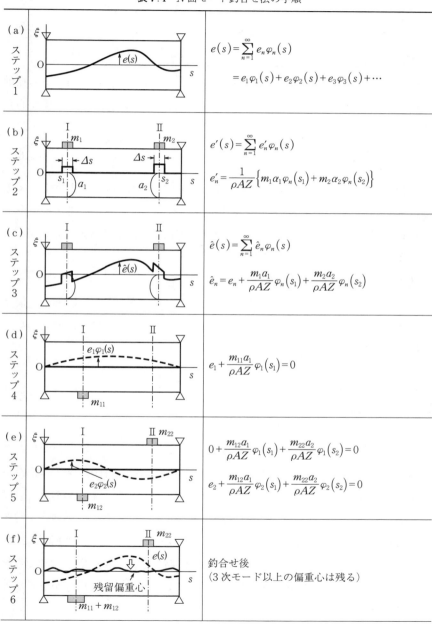

(a) ステップ1		$e(s)=\sum_{n=1}^{\infty} e_n\varphi_n(s)$ $=e_1\varphi_1(s)+e_2\varphi_2(s)+e_3\varphi_3(s)+\cdots$
(b) ステップ2		$e'(s)=\sum_{n=1}^{\infty} e'_n\varphi_n(s)$ $e'_n=\dfrac{1}{\rho AZ}\{m_1\alpha_1\varphi_n(s_1)+m_2\alpha_2\varphi_n(s_2)\}$
(c) ステップ3		$\hat{e}(s)=\sum_{n=1}^{\infty} \hat{e}_n\varphi_n(s)$ $\hat{e}_n=e_n+\dfrac{m_1\alpha_1}{\rho AZ}\varphi_n(s_1)+\dfrac{m_2\alpha_2}{\rho AZ}\varphi_n(s_2)$
(d) ステップ4		$e_1+\dfrac{m_{11}\alpha_1}{\rho AZ}\varphi_1(s_1)=0$
(e) ステップ5		$0+\dfrac{m_{12}\alpha_1}{\rho AZ}\varphi_1(s_1)+\dfrac{m_{22}\alpha_2}{\rho AZ}\varphi_1(s_2)=0$ $e_2+\dfrac{m_{12}\alpha_1}{\rho AZ}\varphi_2(s_1)+\dfrac{m_{22}\alpha_2}{\rho AZ}\varphi_2(s_2)=0$
(f) ステップ6		釣合せ後 (3次モード以上の偏重心は残る)

ここに
$$\hat{e}_n = e_n + \frac{m_1 a_1}{\rho AZ}\varphi_n(s_1) + \frac{m_2 a_2}{\rho AZ}\varphi_n(s_2) \tag{7.15}$$

ステップ4（表(d)）：1次モード偏重心の消去

最初に，質量 m_{11} を修正面Iに取り付けることによって，第1モードの振動が起こらないようにする。そのためには1次モード偏重心が $\hat{e}_1 = 0$，すなわち式(7.15)より

$$e_1 + \frac{m_{11} a_1}{\rho AZ}\varphi_1(s_1) = 0 \tag{7.16}$$

であればよいので，上式から定まる質量 m_{11} を付加すればよい。しかし，実際には e_1 の大きさは不明であるから，質量を試行錯誤的に付加して1次モードのたわみが大きく現れる第1次危険速度付近で運転し，その振動成分がなくなるように m_{11} を決定することになる。

ステップ5（表(e)）：2次モード偏重心の消去

つぎに質量 m_{12}, m_{22} をそれぞれ修正面I，IIに取り付けて，2次モード偏重心 $\bar{e}_2$ を消去する。そのためには，式(7.15)よりつぎの二つの式が成立しなければならない。

$$\left.\begin{array}{l} 0 + \dfrac{m_{12} a_1}{\rho AZ}\varphi_1(s_1) + \dfrac{m_{22} a_2}{\rho AZ}\varphi_1(s_2) = 0 \quad (\text{i}) \\[2mm] e_2 + \dfrac{m_{12} a_1}{\rho AZ}\varphi_2(s_1) + \dfrac{m_{22} a_2}{\rho AZ}\varphi_2(s_2) = 0 \quad (\text{ii}) \end{array}\right\} \tag{7.17}$$

この第1式は，修正おもり m_{12}, m_{22} を付けても1次モードの釣合いが損なわれないための条件であり，左辺の0はステップ4により $e_1 = 0$ がすでに満たされていることを意味する。第2式は2次モードの釣合いをとるための条件式である。この二つの式から m_{12}, m_{22} を決定することは（その係数行列式が零となる場合を除けば）理論的には可能である。しかし，ステップ4と同様に，実際には e_2 が不明であるので，第2次危険速度付近で，第1式より定まる比 m_{12}/m_{22} を一定に保ちながら質量を付加し，2次モードの振動成分がなくなるように試行錯誤的に決定する。

ステップ6(表(f)):最終の修正おもりの設置

最終的には,I面に $m_{11}+m_{12}$ を,またII面に m_{22} を取り付ければ,1次モードと2次モードの共振を小さくできる。しかし,3次モード関数以上の偏重心の成分が残留している。

〔3〕 ***N+2面モード釣合せ法***(Bishop et al., 1959) 図7.14のように,釣合いおもりを付けたときに軸受部に伝わる力を求めてみる。左の軸受に P_L,右の軸受に P_R の力が加わるとすると,軸のたわみが零であるいまの状態ではつぎの関係が成立する。

$$P_L + P_R = \int_0^l A\rho \hat{e}(s)\omega^2 ds, \qquad lP_R = \int_0^l A\rho \hat{e}(s)\omega^2 ds \qquad (7.18)$$

N 面モード釣合せ法の手順に加え,さらに軸受部に伝わる力を零にするようにこの二つの条件式を加えて $N+2$ 個の修正面を用いて釣合いをとる方法が,$N+2$ 面モード釣合せ法である。軸受部が剛な支持で,かつロータが比較的軽ければ N 面モード釣合せ法でもよいが,一般の実機のようにロータが重く,また軸受支持部のたわみが無視できないような場合には,$N+2$ 面モード釣合せ法を用いる必要がある。

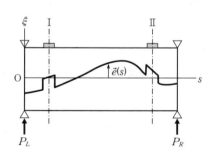

図7.14 $N+2$ 面モード釣合せ法

7.3.3 影響係数法

回転軸系の減衰が大きかったり,あるいは蒸気タービン発電機のようにいくつかのロータが連結された系では,系の振動モードがはっきりと現れないことがある。そのような場合には,**影響係数法**(influence coefficient method)が用いられる。この方法は,ロータに関する予備知識をほとんど必要としないの

で，フィールドバランシングで広く用いられている．まず，この方法の考え方を，最も簡単な弾性ロータであるジェフコットロータを用いて説明する (Ehrich, 1992)．

〔1〕 **影響係数法による一面釣合せ**　図7.15は同期振動を行っているジェフコットロータを示す．円板上に目印の基準マークを付けておき，この角位置を ωt とする．この円板は静不釣合いをもっており，その不釣合いベクトルを $\vec{U}_u$ とする．この基準マークの方向に x' 軸をもつ回転座標系 O-$x'y'$ を設け，回転軸の中心Sの位置 (x', y') を複素数 $x'+jy'$ に対応させた複素平面を考える．以下，この回転座標上で考えたベクトル量 $\vec{U}_u$ に対応させた複素数を記号の上にハットを付けて $\hat{U}_u$ と表す．また，表7.2で行ったように，便宜上，未知量に＊印を付ける．

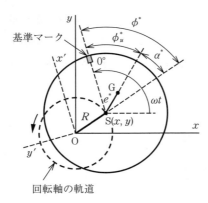

図7.15　ジェフコットロータの釣合せ

いま，円板の質量を M^*，偏重心の大きさを e^*，基準マークからの偏重心の位相遅れを ϕ_u^* とすると，不釣合いベクトルはつぎの複素数で表現される．

$$\hat{U}_u^* = M^*\hat{e}^* = M^*e^*\exp(-j\phi_u^*) \tag{7.19}$$

なお，指数関数 e と偏重心 e の混乱を避けるため，ここでは前者については exp の表記を用いることにする．ロータの応答，すなわち軸中心 $s(x, y)$ の位置は，応答の位相遅れを α とすると $x = R\cos\{(\omega t - \phi_u) - \alpha\}$, $y = R\sin\{(\omega t - \phi_u) - \alpha\}$ となるが，複素数 $x+jy$ で表現すると

7.3 弾性ロータの釣合せ

$$x + jy = R\exp(j\omega t)\exp\{-j(\phi_u + \alpha)\} \equiv \hat{Z}\exp(j\omega t) \tag{7.20}$$

となる。最後の項の $\hat{Z}$ は，この応答を回転する複素平面での複素数で変位を表現したものである。すなわち，複素平面上で点 S を見ると，不釣合い $\hat{U}_u^*$ によって変位 $\hat{Z}$ が生じており，その関係をつぎのように表す。

$$\hat{Z} = \hat{a}(\omega)^* \hat{U}_u^* \tag{7.21}$$

ジェフコットロータの場合，変位が不釣合いに比例する形で表現できることは式 (2.40) から理解できる。ここで，$\hat{a}(\omega)^*$ は不釣合いベクトルが応答に与える**影響係数** (influence coefficient) と呼ばれ，つぎのようにして求めることができる。

釣合せをとる前に，ある任意の回転速度 ω_a において回転軸のふれまわり半径 R と位相差 ϕ を測定して $\hat{Z}_a$ ($= R\exp(-j\phi)$) を計算する。**図 7.16** は x，y 軸方向に設置した変位センサの出力波形を示すが，位相差 ϕ は基準マークと波形のピークの間隔から決定できる。このとき式 (7.21) の関係は

$$\hat{Z}_a = \hat{a}(\omega_a)^* \hat{U}_u^* \tag{7.22}$$

となる。つぎに，回転体の質量 M^* より十分小さい質量 m_t の試しおもりを取り付けて同様な操作を行うと，応答ベクトルは

$$\hat{Z}_t = \hat{a}(\omega_a)^* (\hat{U}_u^* + \hat{U}_t) \tag{7.23}$$

となる。式 (7.22)，(7.23) より，影響係数がつぎのように求まる。

$$\hat{a}(\omega_a) = \frac{\hat{Z}_t - \hat{Z}_a}{\hat{U}_t} \tag{7.24}$$

ここで $\hat{a}(\omega_a)$ は既知量となったので＊印を削除した。

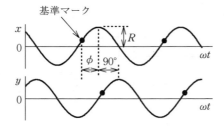

図 7.16 ジェフコットロータの変位記録波形

これで $\hat{a}(\omega_a)$ が求まったので，式(7.22)より $\hat{U}_u^*$ が求まる．したがって $\hat{U}_u^*$ と逆向きに次式で与えられる不釣合いベクトル $\hat{U}_b$ を生じる修正おもりを付ければよい．

$$\hat{U}_b = -\hat{U}_u = -\frac{\hat{Z}_a}{\hat{a}(\omega_a)} = \frac{\hat{Z}_a}{\hat{Z}_a - \hat{Z}_t}\hat{U}_t \tag{7.25}$$

〔2〕 **質量が分布した弾性ロータの影響係数法による釣合せ**（Rao, 1991）
図 7.17 に，質量が連続分布した弾性ロータを示す．まず，軸に沿って m 個の修正面と n 個の測定位置を設ける．なお，後述するように，修正面の数 m は測定位置の数 n の整数倍にとらなければならない．そして，連続的に分布している偏重心 $\vec{e}(s)^*$ を各修正面における集中偏重心 $\vec{e}_1^*, \vec{e}_2^*, \cdots, \vec{e}_m^*$ で置き換え，さらにこの偏重心から不釣合いベクトル $\vec{U}_1^*, \vec{U}_2^*, \cdots, \vec{U}_m^*$ をつくる．この回転軸を k 個の回転速度 $\omega_i\,(i=1,\cdots,k)$ で運転し，そのときの n 個の測定位置における変位の測定結果が $\vec{r}_1^{(i)}, \cdots, \vec{r}_n^{(i)}\,(i=1,\cdots,k)$ であったとする．前節で述べたように，ロータに基準マークを設け，その方向に実軸をもつ複素平面においてこれらのベクトル量をそれぞれ複素数 $\hat{U}_1^*, \hat{U}_2^*, \cdots, \hat{U}_m^*$ および $\hat{Z}_1^{(i)}, \cdots, \hat{Z}_n^{(i)}\,(i=1,\cdots,k)$ に置き換える．

式(7.22)に対応する式は，マトリックスで表現すると

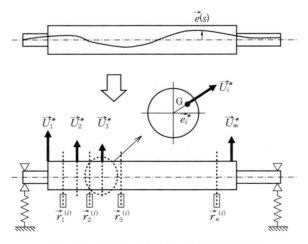

図 7.17 影響係数法における修正面と測定面

7.3 弾性ロータの釣合せ

$$\begin{bmatrix} \hat{Z}_1^{(1)} \\ \vdots \\ \hat{Z}_n^{(1)} \\ -- \\ \text{etc.} \\ -- \\ \hat{Z}_1^{(k)} \\ \vdots \\ \hat{Z}_n^{(k)} \end{bmatrix} = \begin{bmatrix} \hat{a}_{11}^{(1)}(\omega_1)^* & \hat{a}_{12}^{(1)}(\omega_1)^* & \cdots & \hat{a}_{1m}^{(1)}(\omega_1)^* \\ \vdots & \vdots & \vdots & \vdots \\ \hat{a}_{n1}^{(1)}(\omega_1)^* & \hat{a}_{n2}^{(1)}(\omega_1)^* & \cdots & \hat{a}_{nm}^{(1)}(\omega_1)^* \\ ---- & ---- & ---- & ---- \\ \text{etc.} & \text{etc.} & \text{etc.} & \text{etc.} \\ ---- & ---- & ---- & ---- \\ \hat{a}_{11}^{(k)}(\omega_k)^* & \hat{a}_{12}^{(k)}(\omega_k)^* & \cdots & \hat{a}_{1m}^{(k)}(\omega_k)^* \\ \vdots & \vdots & & \vdots \\ \hat{a}_{n1}^{(k)}(\omega_k)^* & \hat{a}_{n2}^{(k)}(\omega_k)^* & \cdots & \hat{a}_{nm}^{(k)}(\omega_k)^* \end{bmatrix} \begin{bmatrix} \hat{U}_1^* \\ \vdots \\ \hat{U}_m^* \end{bmatrix} \quad (7.26)$$

となる。これを

$$[\hat{Z}] = [\hat{a}^*][\hat{U}^*] \quad (7.27)$$

と表現する。なお，$[\hat{a}^*]$ が正方マトリックス，すなわち $k \times n = m$ となるように修正面と測定位置の数を最初に決定する。

つぎに，影響係数を決定する。質量 m_t の試しおもりを m 個の修正面のそれぞれに順次取り付けて運転し，n 個の測定位置で応答を測定する。まず1番目の修正面に付けて回転速度 ω_1 で運転した場合に得られる応答を $\hat{Z}_{11}^{(1)}$，…，$\hat{Z}_{n1}^{(1)}$ とすると，つぎの関係を得る。

$$\begin{bmatrix} \hat{Z}_{11}^{(1)} \\ \vdots \\ \hat{Z}_{n1}^{(1)} \end{bmatrix} = \begin{bmatrix} \hat{a}_{11}^{(1)}(\omega_1)^* & \hat{a}_{12}^{(1)}(\omega_1)^* & \cdots & \hat{a}_{1m}^{(1)}(\omega_1)^* \\ \vdots & \vdots & \vdots & \vdots \\ \hat{a}_{n1}^{(1)}(\omega_1)^* & \hat{a}_{n2}^{(1)}(\omega_1)^* & \cdots & \hat{a}_{nm}^{(1)}(\omega_1)^* \end{bmatrix} \begin{bmatrix} \hat{U}_1^* + \hat{U}_t \\ \hat{U}_2^* \\ \vdots \\ \vdots \\ \hat{U}_m^* \end{bmatrix} \quad (7.28)$$

一方，式(7.26)の対応する部分を取り出すと

$$\begin{bmatrix} \hat{Z}_1^{(1)} \\ \vdots \\ \hat{Z}_n^{(1)} \end{bmatrix} = \begin{bmatrix} \hat{a}_{11}^{(1)}(\omega_1)^* & \hat{a}_{12}^{(1)}(\omega_1)^* & \cdots & \hat{a}_{1m}^{(1)}(\omega_1)^* \\ \vdots & \vdots & \vdots & \vdots \\ \hat{a}_{n1}^{(1)}(\omega_1)^* & \hat{a}_{n2}^{(1)}(\omega_1)^* & \cdots & \hat{a}_{nm}^{(1)}(\omega_1)^* \end{bmatrix} \begin{bmatrix} \hat{U}_1^* \\ \hat{U}_2^* \\ \vdots \\ \vdots \\ \hat{U}_m^* \end{bmatrix} \quad (7.29)$$

である。式 (7.28) から式 (7.29) を辺々差し引くと

$$\begin{bmatrix} \hat{Z}_{11}^{(1)} - \hat{Z}_{1}^{(1)} \\ \vdots \\ \hat{Z}_{n1}^{(1)} - \hat{Z}_{n}^{(1)} \end{bmatrix} = \begin{bmatrix} \hat{a}_{11}^{(1)}(\omega_1)^* & \cdots & \cdots & \hat{a}_{1m}^{(1)}(\omega_1)^* \\ \vdots & \vdots & \vdots & \vdots \\ \hat{a}_{n1}^{(1)}(\omega_1)^* & \cdots & \cdots & \hat{a}_{nm}^{(1)}(\omega_1)^* \end{bmatrix} \begin{bmatrix} \hat{U}_t \\ 0 \\ \vdots \\ \vdots \\ 0 \end{bmatrix} = \begin{bmatrix} \hat{a}_{11}^{(1)}(\omega_1)^* \hat{U}_t \\ \vdots \\ \hat{a}_{n1}^{(1)}(\omega_1)^* \hat{U}_t \end{bmatrix} \tag{7.30}$$

となるので，これから

$$\hat{a}_{11}^{(1)}(\omega_1)^* = \frac{\hat{Z}_{11}^{(1)} - \hat{Z}_{1}^{(1)}}{\hat{U}_t}, \quad \cdots, \quad \hat{a}_{n1}^{(1)}(\omega_1)^* = \frac{\hat{Z}_{n1}^{(1)} - \hat{Z}_{n}^{(1)}}{\hat{U}_t} \tag{7.31}$$

を得る。つぎに 2 番目の修正面に m_t を取り付けて行う。これを m 番目の修正面まで繰り返す。つづいて回転速度 $\omega_2, \cdots, \omega_k$ で運転して同様な操作を行うと，式 (7.26) 中の他の影響係数が求まる。これで影響係数がすべて求まったので式 (7.27) の影響係数の ∗ 印を取り去って書くと次式となる。

$$[\hat{Z}] = [\hat{a}][\hat{U}^*] \tag{7.32}$$

これから不釣合いマトリックスを求めれば，$[\hat{U}^*] = [\hat{a}]^{-1}[\hat{Z}]$ となる。それを打ち消すための修正おもりに対応するマトリックス $[\hat{U}_b]$ をつぎのように決定できる。

$$[\hat{U}_b] = -[\hat{a}]^{-1}[\hat{Z}] \tag{7.33}$$

なお，用いる振幅データ（式 (7.33) の $[\hat{Z}]$）には，実験誤差や高次共振ピークの裾野などの振幅値が含まれる。この影響を小さくするためには $\omega_1, \cdots, \omega_k$ は安全な運転ができる範囲で，できるだけ各共振ピークに近いところを選んで $[\hat{Z}]$ を測定する必要がある。

8 自励振動

　これまで，機械システムでは摩擦が自由振動を減衰させ，あるいは強制振動の振幅を小さく抑える働きがあることを学んだ．しかし，場合によっては摩擦が系を不安定にし，振動を成長させたり持続する振動を発生させたりすることがある．このような振動は**自励振動**（self-excited oscillation）と呼ばれ，日常生活でも実際に経験することが多い．例えば，往復振動系では，ドアの蝶番のきしみ，バイオリンの音，笛の音などは身近な自励振動の例である．一般に，自励振動はその振幅が時間とともに成長するのできわめて危険であり，また振動診断によってその原因を特定しにくいのできわめて厄介である．本章では，回転機械に発生する自励振動について解説する．

8.1　自励振動の基本的性質（1自由度系）

　回転軸における自励振動の説明に入る前に，簡単な1自由度のばね・質量系で自励振動の基本的な性質について復習しておく．

8.1.1　乾性摩擦が作用する系

　図8.1(a)は，テーブルの上にある物体を糸で横へ引っ張っている状態を示す．このとき物体には，糸の張力 T，重力 W，抗力 N に加え，摩擦力 F が働く．この摩擦力は**乾性摩擦**（dry friction）に起因し，その特性は図(b)に示されている．実線は乾性摩擦力の特性を示す．実際にはすべり速度 v が増すと摩擦力が増加するが，ここではすべり速度が小さいときにすべり速度とともに

130   8. 自 励 振 動

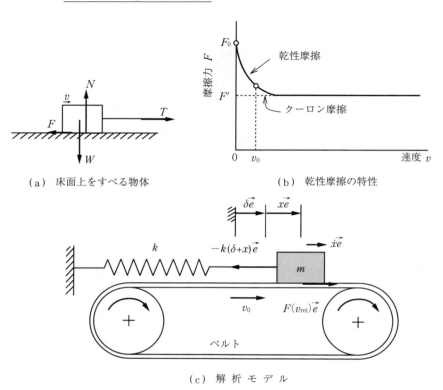

(a) 床面上をすべる物体　　(b) 乾性摩擦の特性

(c) 解 析 モ デ ル

図 8.1 移動するベルト上のばね・質量系

減少するという特性が重要であるので，図示のような形を仮定する．なお，さらに簡単化して，摩擦力が一定と近似した特性を**クーロン摩擦**（Coulomb friction）という．

さて，図(c)のように，速度 v_0 で移動するベルトの上に，ばね定数 k のばねにつながれた質量 m の物体が置かれているとする．図中，$\vec{e}$ はベルトの移動方向の単位ベクトルである．ばねの伸びが一定な平衡状態（ベルトに対して物体はすべっている）にあるときには，物体とベルトの間に働く乾性摩擦力 $F(v_0)$ と，δ だけ伸びたばねから働く力が釣り合っており，関係

$$k\delta = F(v_0) \tag{8.1}$$

8.1 自励振動の基本的性質（1自由度系）

が成立している。この状態のとき，もしなんらかの外乱が働くと，物体はこの平衡点付近で振動し始める。この系の運動方程式は，物体の平衡点からの変位を x とすると

$$m\ddot{x} = -k(\delta + x) + F(v_{\text{rel}}) \tag{8.2}$$

となる。ここに，摩擦力の大きさを決める図8.1(b)の速度 v としては，ベルトと質量の相対速度 $v_{\text{rel}} = v_0 - \dot{x}$ を用いる。摩擦力を $v_{\text{rel}} = v_0$ の近傍でテイラー展開すると

$$F(v_{\text{rel}}) = F(v_0 - \dot{x}) = F(v_0) - \left.\frac{dF(v)}{dv}\right|_{v=v_0} \dot{x} + \cdots \tag{8.3}$$

となり，これを式(8.2)に代入する。平衡点における力の釣合いの式(8.1)を考慮し，さらに図8.1(b)において平衡点 $v = v_0$ では $dF(v)/dv < 0$ となり負の勾配をもつので，$-dF(v)/dv|_{v=v_0} = a_f > 0$ とおくと，式(8.2)は

$$m\ddot{x} = -kx + a_f \dot{x} \tag{8.4}$$

となる。ここで，$a_f \dot{x}$ を負性抵抗と呼ぶ。さらに空気抵抗などに起因する減衰力（減衰係数 c）を加えると次式となる。

$$m\ddot{x} - a_f \dot{x} + c\dot{x} + kx = 0 \tag{8.5}$$

式(8.5)を基にして解析モデルを描くと**図8.2**となる。この図では，物体に加わる力の方向を示している。

$$\left.\begin{array}{ll} \dot{x} > 0 \text{のとき} & -c\dot{x} < 0, \quad a_f \dot{x} > 0 \\ \dot{x} < 0 \text{のとき} & -c\dot{x} > 0, \quad a_f \dot{x} < 0 \end{array}\right\} \tag{8.6}$$

であるので，減衰力 $-c\dot{x}$ はつねに運動方向とは反対方向に作用し，負性抵抗

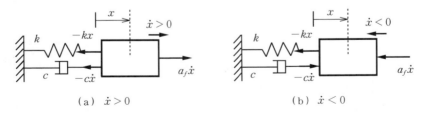

図8.2 物体に加わる力の方向

$a_f\dot{x}$ はつねに運動と同じ方向に作用することになる。このことは，摩擦力がつねに系に仕事をしてエネルギーが入ることを意味している。

8.1.2 安定性解析

式(8.5)を解く。以下，便宜上 $c_1 = a_f - c$ とおく。解を $x(t) = Ae^{\lambda t}$ と仮定して代入すると，つぎの特性方程式を得る。

$$m\lambda^2 - c_1\lambda + k = 0 \tag{8.7}$$

これから

$$\lambda = \frac{c_1 \pm \sqrt{c_1^2 - 4mk}}{2m} = \sigma \pm jp_d \tag{8.8}$$

が得られる。ここに

$$\sigma = \frac{c_1}{2m}, \qquad p_d = \frac{\sqrt{4mk - c_1^2}}{2m} \approx \sqrt{\frac{k}{m}} = p_1 \tag{8.9}$$

である。なお，a_f の原因である負の勾配は小さいので，$4mk \gg c_1^2$ であり，p_d は実数である。したがって，一般解は

$$x(t) = e^{\sigma t}(A_1 e^{jp_d t} + A_2 e^{-jp_d t}) = e^{\sigma t}(a_1 \cos p_1 t + a_2 \sin p_1 t) \tag{8.10}$$

と表現できる。ここで，任意定数 A_1, A_2, あるいは a_1, a_2 は初期条件から定まる。いま，静止平衡状態 $x(t) = 0$, $\dot{x}(t) = 0$ からわずかにずれた初期値を与えると，もし $a_f > c$ ならば $\sigma > 0$ となるから，**図 8.3** のように成長する振動，すなわち自励振動が発生する。もし $a_f < c$ ならば $\sigma < 0$ となって，減衰振動となる。

以上の解析から，自励振動はつぎの特徴をもっていることがわかる。

(1) 自励振動の角振動数 p_d は，ほぼ系の固有角振動数 p_1 に等しい。

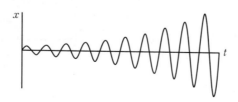

図 8.3 自励振動の時刻歴

(2) 速度 $\dot{x}$，すなわち物体の運動そのものが自励力 $a_f\dot{x}$ を発生させる。物体が静止（$\dot{x}=0$）すると自励力は消える。

8.2 内部摩擦（履歴減衰）

8.2.1 回転機械に発生する各種の摩擦

図 8.4 に，回転軸系に発生するさまざまな摩擦を示す。これらの摩擦は動いている物体と静止している物体との間に働く**外部摩擦**（external friction）と，動いている物体の間で働く**内部摩擦**（internal friction）に分類される。この図において，外部摩擦の例としては，(1) 回転しているロータがケーシングに接触すると乾性摩擦が働き，(2) ロータと空気の間には流体摩擦が働く。また，(3) 下端の軸受はスクイズフィルムダンパベアリングと呼ばれ，軸受ホルダとハウジングの間のすき間にダンパオイルが入っている。回転軸が振動すると軸受ホルダが振動し，流体から力を受ける。これらの外部摩擦は，振動に対して減衰として働く。一方，回転軸と軸受内輪の間で働く摩擦や軸材料の間で働く摩擦は内部摩擦と呼ばれ，条件によってはエネルギーを系に取り入れて，

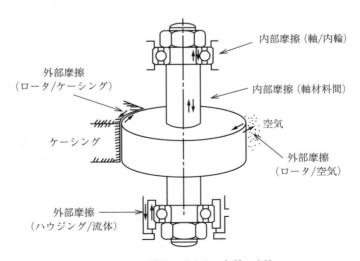

図 8.4　回転機械で発生する各種の摩擦

自励振動を発生させる。なお，内部摩擦は，軸と取付部品間で働く**構造減衰**（structural damping）と材料内で働く**履歴減衰**（internal damping）に区別することもある。本節では，履歴減衰が発生させる自励振動について解説する。

8.2.2 履歴減衰と自励力の発生

弾性材料を引っ張ると，そこに加えた力と生じた伸びが比例することはフックの法則として知られている。この関係を応力 σ とひずみ ε の間の関係で示すと

$$\sigma = E\varepsilon \tag{8.11}$$

となる。ここに，E はヤング率である。この関係は，図 **8.5**（a）のように直線で表される。ところが，図（b）のように材料の繊維がばねの性質だけでなく粘性減衰の性質も合わせもっていると，力を加えて変形させるとき，そのひずみ速度 $\dot{\varepsilon}$ に比例する力も加わる。そのときの関係を与える代表的な表現として

$$\sigma = E(\varepsilon + K\dot{\varepsilon}) \tag{8.12}$$

がある。これを**ケルビン・フォークトモデル**（Kelvin-Voigt model）という。ここに，K は減衰特性値と呼ばれる。この材料が，一定の振幅で周期的に伸び縮みを繰り返す場合を考える。その場合，$\varepsilon(t) = a \sin \omega t$ と仮定し，それを上式の $\dot{\varepsilon}$ の項に代入すれば

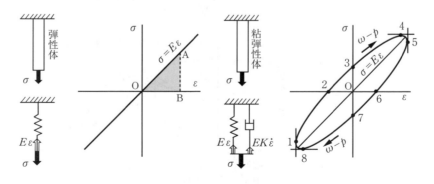

　　　（a）フックの法則　　　　　　（b）履歴減衰のある場合

図 **8.5** 応力とひずみの関係

8.2 内部摩擦（履歴減衰）

$$\sigma = E\varepsilon + EKa\omega\cos\omega t = E\varepsilon + EK\omega\sqrt{a^2 - \varepsilon^2} \tag{8.13}$$

を得る．したがって

$$(EK\omega)^2\varepsilon^2 + (\sigma - E\varepsilon)^2 = (EK\omega)^2 a^2 \tag{8.14}$$

の関係が得られる．この場合の応力とひずみの関係は，図(b)のような楕円形のヒステリシスループを描く．

　材料に外力を加えて変形させると，外力も材料の変形に伴って移動するから力は材料に対して仕事をする．この外力による仕事は，材料の変形に伴い材料内にひずみエネルギーとして蓄えられる．図(a)の特性をもつ弾性棒を引っ張ってOからBへ伸ばしたとき，三角形OABの面積に相当するエネルギーが材料に蓄えられ，逆にBからOへ伸びが戻るとき，そのエネルギーが材料から放出される．ところが材料が図(b)のヒステリシス特性をもつ場合，このループを時計回りにたどって，蓄えられたエネルギーと放出されたエネルギーの差であるループの面積は熱となって失われる．例えば実際のコイルばねで物体を吊して自由振動を起こした場合，コイルばねの材料が粘弾性体ならば，図(b)のように実際のコイルばねをケルビン・フォークトモデルでモデル化すると，ダンパ要素でエネルギーが失われるため，この自由振動は減衰していく．しかし，回転する軸の材料がこの特性をもっていると，ヒステリシスループをたどる方向によって，その面積に相当するエネルギーは振動の成長に使われることがある．そのメカニズムを以下で考える．

　回転軸の材料が図(b)のような履歴特性をもつとき，ふれまわり軌道の接線方向の力，すなわち自励力あるいは減衰力が生じる機構を，ティモシェンコ(Timoshenko, 1955)やデン・ハルトック(DenHartog, 1956)はつぎのように説明している．

　いま鉛直に支持された弾性ロータが，角速度ωで回転（自転）しながら角速度pで前向きふれまわり運動（公転）をしているとする．**図8.6**はその弾性軸の断面を示している．ここで軸を細い繊維の集まりとみなす．まず，ωが主危険速度より高速側（$\omega > p$）の場合について考える．その状態を図(a)に示す．このとき点Pにある繊維は，OM方向に対して角速度$\omega - p$で1, 2, …

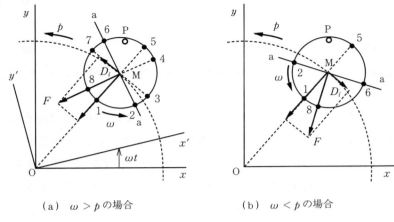

(a) $\omega > p$ の場合　　　　(b) $\omega < p$ の場合

図 8.6　履歴減衰による自励力と減衰力

とその位置を変えながら伸び縮みする．点 1, 5 はひずみの最大点，点 3, 7 はひずみが零の点である．図 8.5(b) と合わせて考えると，これらの各点の少し前に応力の最大点（点 8, 4）と応力の中立点（点 6, 2）があることがわかる．回転軸の復元力 F はこの応力零の点を結ぶ直線 a-a（応力の中立線）に垂直な方向に作用するため，軸受中心線上の点 O の方向へ向かず，その結果ふれまわり軌道の接線方向の成分 D_i が生じ，これが自励力となる．これに対し，低速側（$\omega < p$）の場合は，点 P にある繊維は OM 方向に対して逆方向に移動するので，復元力 F の接線方向成分 D_i は図 8.6(b) のように減衰力となる．

8.2.3　自励振動の解析（履歴減衰）

ここでは簡単のため，ジェフコットロータに履歴減衰力が作用する場合を考える．偏重心は自励振動には直接関係がないので $e=0$ とする．履歴減衰力 $D_i(D_{ix}, D_{iy})$ を追加すると，運動方程式は

$$\left. \begin{array}{l} m\ddot{x} + c\dot{x} + kx = D_{ix} \\ m\ddot{y} + c\dot{y} + ky = D_{iy} \end{array} \right\} \quad (8.15)$$

となる．回転軸のふれまわり半径が指数関数的に増加する自励振動を解析する場合には，複素数 $w = x + jy$ を用いたほうが簡単であることが多い．そこで式 (8.15) を複素数で表示すると

$$m\ddot{w} + c\dot{w} + kw = D_i \tag{8.16}$$

となる．上式中の $D_i (= D_{ix} + jD_{iy})$ に，履歴減衰力の表現を代入する．材料内部の摩擦力は角速度 ω で回る回転座標 $O\text{-}x'y'$ 上の速度を用いて定義される．最も簡単な表現として，線形の履歴減衰力

$$D_i' = -h\dot{w}' \tag{8.17}$$

を考える．ここに，h を履歴減衰係数という．これを静止座標 $O\text{-}xy$ に変換すると，$w' = we^{-j\omega t}$ であるので

$$D_i = D_i' e^{j\omega t} = -h\dot{w}' e^{j\omega t} = -h(\dot{w} - j\omega w) \tag{8.18}$$

と変形できるから，これを式 (8.16) に代入すると，つぎの運動方程式が得られる．

$$m\ddot{w} + c\dot{w} + h(\dot{w} - j\omega w) + kw = 0 \tag{8.19}$$

自由振動解を

$$w = Ae^{\lambda t} \tag{8.20}$$

とおき，式 (8.19) に代入すると，つぎの特性方程式を得る．

$$m\lambda^2 + (c + h)\lambda + k - j\omega h = 0 \tag{8.21}$$

式 (8.21) の解を λ_1, λ_2 とすると

$$\lambda_1, \lambda_2 = \frac{1}{2m}\left\{-(c+h) \pm \sqrt{(c+h)^2 - 4m(k - j\omega h)}\right\} \tag{8.22}$$

となる．この λ_1 と λ_2 を用いれば，式 (8.19) の一般解はつぎのように表される．

$$w = A_1 \exp(\lambda_1 t) + A_2 \exp(\lambda_2 t) \tag{8.23}$$

なお，便宜上，指数関数を式 (8.20) と式 (8.23) の 2 通りの方法で表現するが，その意味は同じである．式 (8.22) の表現は複雑なので近似計算をする．減衰係数 c と h が微小量であると仮定して，根号の中を $-4m(k - j\omega h)$ と近似し，さらに ε を微小量としたとき $\sqrt{1 + \varepsilon} \approx 1 + \varepsilon/2$ の関係が成り立つことに注意すると，つぎの式を得る．

8. 自励振動

$$\lambda_1 = -\frac{1}{2m}\left(c+h-\frac{\omega h}{p}\right)+jp, \quad \lambda_2 = -\frac{1}{2m}\left(c+h+\frac{\omega h}{p}\right)-jp \quad (8.24)$$

ここに，$p=\sqrt{k/m}$ である．したがって，式(8.23)は

$$w = A_1 \exp\left\{-\frac{1}{2m}\left(c+h-\frac{\omega h}{p}\right)t\right\}e^{jpt} + A_2 \exp\left\{-\frac{1}{2m}\left(c+h+\frac{\omega h}{p}\right)t\right\}e^{-jpt} \quad (8.25)$$

となる．式(8.25)の右辺の第2項のexp( )の中はつねに負であるから第2項は減衰して消滅するが，第1項のexp( )の中は

$$-\left(c+h-\frac{\omega h}{p}\right) > 0 \quad \therefore \quad \omega > \left(1+\frac{c}{h}\right)p \; (\equiv \omega_0) \quad (8.26)$$

のときに正となり，角振動数 p の自励振動が発生することがわかる．

式(8.25)から，この自励振動は角振動数 p の前向きふれまわり運動であり，その振幅は回転速度が上がるほど速く成長することがわかる．図8.7では，この振幅の成長の速さを矢印の長さで示してある．

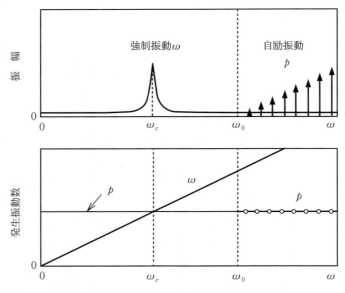

図8.7　履歴減衰をもつ系の強制振動と自励振動

8.3 内部摩擦（構造減衰）

8.3.1 構造減衰と自励力の発生

回転機械では，弾性軸に回転体や軸受などが取り付けられており，**図8.8(a)** のように軸とこれらの部品の間は**締まりばめ**（shrink fit）となっている．弾性軸が変形したとき，このはめあい部ですべりが起きると，軸とハブの間で乾性摩擦が働く．乾性摩擦をクーロン摩擦で近似すると，軸の応力ひずみ特性は図8.8(b)に示すようなヒステリシスをもつ．その結果，履歴減衰の場合と同様なメカニズムで自励振動が発生する．なお，図8.8(b)中の記号は，**図8.9**の記号に対応している．

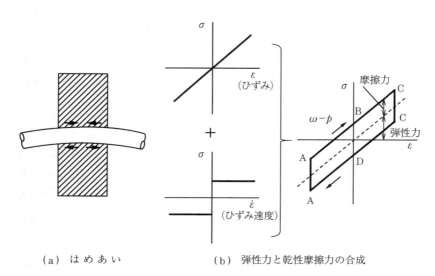

(a) はめあい　　　(b) 弾性力と乾性摩擦力の合成

図8.8 はめあい部をもつ軸の応力ひずみ特性

つぎに構造減衰による自励力の発生メカニズムを説明する（太田・水谷，1987）．図8.9(a)は，軸とハブが弱い締まりばめの状態ではまっているジェフコットロータを示す．この軸とハブの間でクーロン摩擦が働くとする．図8.9(b)はハブがないときの内部応力の状態（記号＋，－）およびその結果生

140　8. 自 励 振 動

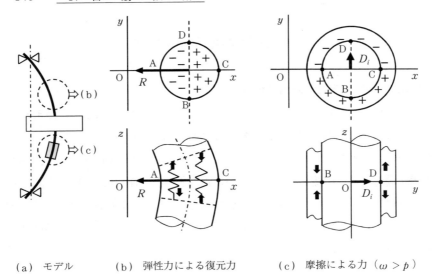

（a）モデル　　（b）弾性力による復元力　　（c）摩擦による力（$\omega > p$）

図 8.9　構造減衰による自励力

じる弾性復元力 R を示している．上の図で，BCD の領域では材料は伸びており（ひずみ $\varepsilon > 0$），DAB の領域では材料は縮んでいる（$\varepsilon < 0$）．それぞれの領域の繊維を 1 本のばねと考えると，領域 BCD ではばねは材料を縮ませようとし（この作用を記号＋で示す），領域 DAB ではばねは材料を伸ばそうとする（記号－）．このとき，軸の弾性復元力は図示のように境界 BD に垂直に原点に向かって作用する．すなわち，記号＋から－の方向に働く．つぎに，ハブがはまっている図 8.9(c) を考える．いま，危険速度より高速側で運転しているとする．このとき回転軸の自転の角速度 ω は前向きふれまわり運動の角速度 p より大きく，$\omega - p > 0$ と仮定する．軸表面の繊維は点 A で最も縮み，点 C で最も伸びている．したがって，繊維が A→B→C と移動するとき円板の内側で伸びていくため（ひずみ速度 $\dot{\varepsilon} > 0$），乾性摩擦はそれに逆らって図示のように軸表面を縮ませようとする（記号＋で示す）．一方，繊維が C→D→A と移動していくときには（$\dot{\varepsilon} < 0$），乾性摩擦は軸表面を伸ばそうとする（記号－で示す）．弾性復元力の場合と対応させると，点 B から点 D の方向へ力が発生する．これが自励力 D_i となる．もし，危険速度より低速側（$\omega < p$）であれば，同様

なメカニズムで力が逆方向に働き，減衰力となる。

8.3.2　自励振動の解析（構造減衰）

前節で，乾性摩擦が働くと回転体の移動方向に自励力が発生し，系にエネルギーが入ることを説明したが，ここではその自励振動の発生回転速度範囲と振幅の成長の速さを求める。自励力としては乾性摩擦力を簡単化したクーロン摩擦を仮定し，内部摩擦力をつぎのように仮定する。

$$D_i' = -h\frac{\dot{z}'}{|\dot{z}'|} \tag{8.27}$$

ここに，z' は角速度 ω で回る回転座標 $O\text{-}x'y'$ 上における軸中心の位置を $z' = x' + jy'$ と複素数表示したものであり，$z' = ze^{-j\omega t}$ の関係がある。

ジャイロ作用がある2自由度系の傾き振動について解析する。ここでは微小量の項を省略する操作を進めて近似計算を行うので，運動方程式は式(4.41)を無次元化した式に自励力 $D_i(D_{ix}, D_{iy})$ を加えた次式を用いる。

$$\left.\begin{array}{l}\ddot{\theta}_x + i_p\omega\dot{\theta}_y + c\dot{\theta}_x + \theta_x = F\cos\omega t + D_{ix} \\ \ddot{\theta}_y - i_p\omega\dot{\theta}_x + c\dot{\theta}_y + \theta_y = F\sin\omega t + D_{iy}\end{array}\right\} \tag{8.28}$$

ここに，代表角度 τ_0 を導入し，無次元量

$$\left.\begin{array}{l}\theta_x^* = \dfrac{\theta_x}{\tau_0},\quad \theta_y^* = \dfrac{\theta_y}{\tau_0},\quad \tau^* = \dfrac{\tau}{\tau_0},\quad i_p = \dfrac{I_p}{I},\quad c^* = \dfrac{c}{\sqrt{\delta I}} \\ t^* = t\sqrt{\delta/I},\quad \omega^* = \dfrac{\omega}{\sqrt{\delta I}},\quad F = (1-i_p)\tau^*\omega^{*2}\end{array}\right\} \tag{8.29}$$

を用いた。なお，以下では誤解のおそれがないかぎり，無次元量を示す * 印を省略する。この式を複素数 $z_\theta = \theta_x + j\theta_y$ で表すと，つぎのようになる。

$$\ddot{z}_\theta - ji_p\omega\dot{z}_\theta + c\dot{z}_\theta + z_\theta = Fe^{j\omega t} + D_i \tag{8.30}$$

式中の D_i には，クーロン摩擦に起因する内部減衰力(8.27)を採用するが，それを静止座標で表示するとつぎのようになる。

$$D_i = D_i'e^{j\omega t} = -h\frac{\dot{z}_\theta - j\omega z_\theta}{|\dot{z}_\theta - j\omega z_\theta|} = -h\frac{(\dot{\theta}_x + \omega\theta_y) + j(\dot{\theta}_y - \omega\theta_x)}{\sqrt{(\dot{\theta}_x + \omega\theta_y)^2 + (\dot{\theta}_y - \omega\theta_x)^2}} \tag{8.31}$$

この内部摩擦力は非線形であり,一般的には理論解析が難しい.そこで,最初に,式(8.28)をルンゲ・クッタ法によって数値積分し,どのような現象が発生するかを調べてみる.本節では,偏角 τ による励振力も同時に考慮することにする.その解は自励振動解と調和振動解の重なった複雑な軌道となる.得られた振動の自励振動成分の振動数を固有角振動数線図上に記入したものを**図 8.10** に,また,得られた時刻歴とそのスペクトルの例を**図 8.11** に示す.主危険速度より低速側(図 8.11(a))では,不釣合いによる調和振動だけが発生している.一方,主危険速度より高速側(図 8.11(b))では,調和振動に加え,前向きふれまわり運動の固有角振動数 p_f で自励振動が発生している.この場

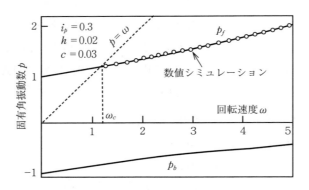

図 8.10 自励振動成分の振動数

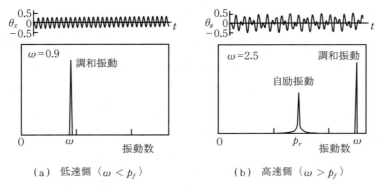

図 8.11 時刻歴とそのスペクトル

8.3 内部摩擦（構造減衰）

合，自励振動は前節のように成長し続ける自励振動ではなく，内部摩擦力が非線形であるため，ある程度の時間が経過したのちは一定振幅の**持続振動** (self-sustained oscillation) となる。

つぎに，この持続振動の応答曲線について理論的に解析する。まず，主危険速度より高速側については，この数値シミュレーション結果を参照すると，式(8.28) の解はつぎのように仮定することができる。

$$\left. \begin{array}{l} \theta_x = R\cos(p_f t + \delta_f) + P\cos(\omega t + \beta) \\ \theta_y = R\sin(p_f t + \delta_f) + P\sin(\omega t + \beta) \end{array} \right\} \tag{8.32}$$

ここで，振幅零の解は式(8.31) が不定となるので除く。この解を式(8.28) に代入し，振幅 R, P と位相角 δ_f, β はゆっくり変化する時間関数であるという仮定の下に，振動数 p_f と ω の項について $O(\varepsilon)$ 精度でそれぞれ両辺の係数を比較する。ここに，記号 $O(\varepsilon)$ は微小量 ε と同じ程度の大きさであることを示す。いま，非線形項について計算してみる。式(8.32) を式(8.31) に代入したとき，$\omega > p_f$ であり，h は $O(\varepsilon)$ であることに注意すれば，近似式

$$\left. \begin{array}{l} \dot{\theta}_x + \omega\theta_y = \dot{R}\cos(p_f t + \delta_f) - R(p_f + \dot{\delta}_f)\sin(p_f t + \delta_f) + \omega R\sin(p_f t + \delta_f) \\ \qquad \approx R(\omega - p_f)\sin(p_f t + \delta_f) + O(\varepsilon) \\ \dot{\theta}_y - \omega\theta_x \approx R(\omega - p_f)\cos(p_f t + \delta_f) + O(\varepsilon) \end{array} \right\} \tag{8.33}$$

を用いると，つぎの簡単な式を得る。

$$D_i = D_{ix} + jD_{iy} = h\{j\cos(p_f t + \delta_f) - \sin(p_f t + \delta_f)\} \tag{8.34}$$

式(8.32) を式(8.28) に代入する。$\ddot{R} = O(\varepsilon^2)$, $\ddot{\delta} = O(\varepsilon^2)$, $\dot{R}\dot{\delta} = (\varepsilon^2)$ であること，また

$$\left. \begin{array}{l} \dot{\theta}_x = \dot{R}\cos(p_f t + \delta_f) - R(p_f + \dot{\delta}_f)\sin(p_f t + \delta_f) + O(\varepsilon^2) + \cdots \\ \dot{\theta}_y = \dot{R}\sin(p_f t + \delta_f) + R(p_f + \dot{\delta}_f)\cos(p_f t + \delta_f) + O(\varepsilon^2) + \cdots \\ \ddot{\theta}_x = -2p_f\dot{R}\sin(p_f t + \delta_f) - R(p_f^2 + 2p_f\dot{\delta}_f)\cos(p_f t + \delta_f) + O(\varepsilon^2) + \cdots \\ \ddot{\theta}_y = 2p_f\dot{R}\cos(p_f t + \delta_f) - R(p_f^2 + 2p_f\dot{\delta}_f)\sin(p_f t + \delta_f) + O(\varepsilon^2) + \cdots \end{array} \right\} \tag{8.35}$$

と近似できることに注意すると，振動数 p_f の項の比較から次式を得る．

$$\left.\begin{array}{l}(2p_f - i_p\omega)\dot{R} = -cp_f R + h \\ (2p_f - i_p\omega)R\dot{\delta}_f = 0\end{array}\right\} \tag{8.36}$$

ここに，関係式 $1 + i_p\omega p_f - p_f^2 = 0$ を用いた．この式で $\dot{R} = \dot{\delta}_f = 0$ とおくと，自励振動の定常解 $R = R_0$ はつぎのように得られる．

$$R_0 = \frac{h}{cp_f} \tag{8.37}$$

主危険速度より低速側については，同様な計算をすると，式(8.36)の第1式に対応する式として $(2p_f - i_p\omega)\dot{R} = -cp_f R - h$ が得られる．したがって，定常解は $cp_f R_0 + h = 0$ から求めることになるが，振幅の正の値が得られないから，有限振幅をもつ自励振動解は低速側では存在しないことがわかる．**図8.12** に調和振動の振幅 P，および持続振動の振幅 R_0 の応答曲線を示す．前節で解析した材料自身の内部摩擦の場合と異なり，主危険速度より高速側で自励振動が発生してその振幅は成長するが，時間経過とともにそれはある一定の振幅 R_0 に落ち着く．なお，その振幅の大きさ R_0 は，固有角振動数 p_f が回転角速度 ω とともに増加するので少しずつ小さくなっているが，おおまかに見れば主危険速度より高速側でほぼ一定であるといえる．

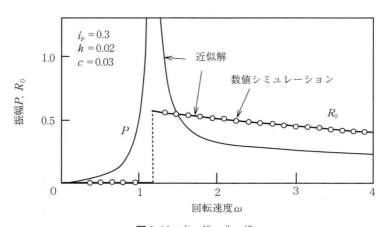

図8.12 応 答 曲 線

8.4 ラビング

ロータがそのまわりにある静止した部分に接触したとき，**ラビング**（rubbing）と呼ばれる激しいふれまわり振動が発生することがある．このような接触は，例えば軸と振れ止めの間，タービン翼とケーシングの間，ラビリンスシール内などで発生する．この振動は古くから注目され（Baker, 1933），現在までに多くの研究者により調べられているが，摩擦が関与しているため現象はかなり複雑であり，不明な点も多い．以下は最も簡単なモデルを用いた著者らの研究結果であり，ラビングの最も基本的な性質を示している．

8.4.1 ラビングの種類

図 8.13 に示す回転軸系では，弾性軸のふれまわりがある程度以上に大きくならないようにガイドが設置してある．弾性軸がガイドに接触したとき，図 8.13 に示すような三つの種類のラビングが発生する．図(a)は前向きラビン

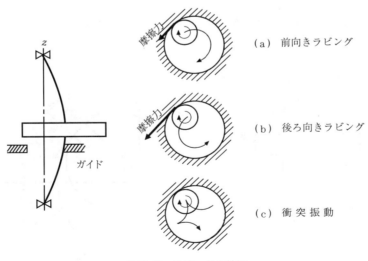

図 8.13　ラビングの種類

グで，軸はガイドの中を軸の回転と同じ方向に接触しながらふれまわる．図(b)は後ろ向きラビングで，軸の回転と逆方向に接触しながらふれまわる．図(c)は衝突振動で，ロータがガイドとの衝突と跳ね返りを繰り返している．

8.4.2 ラビングのモデルと運動方程式

ラビングの理論モデルを図 8.14 に示す．ガイドを弾性体と考え，回転軸のたわみ r に対する等価なばね定数を k_e とすると，半径方向の弾性力は次式で表される．

$$\vec{F}_k = \begin{cases} -k_e(r-\delta)\dfrac{\vec{r}}{|r|} & (r \geq \delta \text{の場合}) \\ 0 & (r < \delta \text{の場合}) \end{cases} \quad (8.38)$$

ここに δ はクリアランスを表す．さらに，ガイドの減衰係数を c_e とすると，半径方向の減衰力は次式となる．

$$\vec{F}_c = \begin{cases} -c_e \dot{r}\dfrac{\vec{r}}{|r|} & (r \geq \delta \text{の場合}) \\ 0 & (r < \delta \text{の場合}) \end{cases} \quad (8.39)$$

ロータがガイドに接触したとき，つぎの大きさの摩擦力が接線方向に作用する．

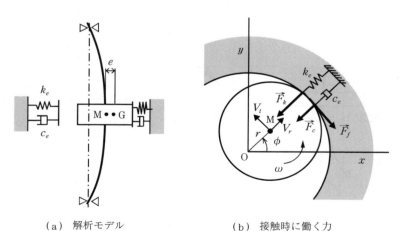

(a) 解析モデル　　　　(b) 接触時に働く力

図 8.14　ガイドの弾性変形を考慮した解析モデル

$$F_f = |\vec{F}_f| = \mu |\vec{F}_k + \vec{F}_c| \tag{8.40}$$

ロータの中心 M の接線方向の速度を V_t とすると，$(V_t+\omega r)>0$ のときは摩擦力 $\vec{F}_f$ は V_t と逆向きであり，$(V_t+\omega r)<0$ のときは同じ向きである。

ロータの質量を m，減衰係数を c，偏重心を $\hat{e}$，軸のばね定数を k，軸の直径を D，危険速度を $\omega_c = \sqrt{k/m}$ とし，つぎの無次元量を用いる。

$$x' = \frac{x}{D}, \quad y' = \frac{y}{D}, \quad \delta' = \frac{\delta}{D}, \quad r' = \frac{r}{D}, \quad e' = \frac{e}{D}, \quad t' = \omega_n t,$$

$$c' = \frac{c}{m\omega_n}, \quad \omega' = \frac{\omega}{\omega_n}, \quad F_k' = \frac{F_k}{m\omega_n D}, \quad F_c' = \frac{F_c}{m\omega_n D}, \quad F_f' = \frac{F_f}{m\omega_n D} \tag{8.41}$$

これを用いると，運動方程式は

$$\left.\begin{array}{l} \ddot{x} + c\dot{x} + x + F_{kx} + F_{cx} \mp F_f \dfrac{y}{r} = e\omega^2 \cos\omega t \\[6pt] \ddot{y} + c\dot{y} + y + F_{ky} + F_{cy} \pm F_f \dfrac{x}{r} = e\omega^2 \sin\omega t \end{array}\right\} \tag{8.42}$$

ここで，無次元量を表す $'$ を省略した。力 F_f の前の複号は，$(V_t+\omega r)>0$ のとき上の記号，$(V_t+\omega r)<0$ のときは下の記号を採用する．

8.4.3 数値シミュレーション

〔1〕 **前向きラビング** 回転軸がガイドに接触したときの乾性摩擦が比較

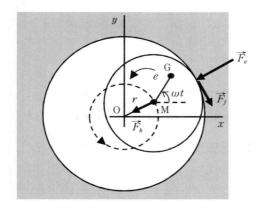

図 8.15 前向きラビング発生時の接触状況

的小さいときに,前向きラビングが発生する。**図 8.15** に前向きラビングが発生しているときの接触状態を示す。前向きラビングは,前向きふれまわりの調和振動の振幅がクリアランス δ (ガイド穴の半径と円板半径の差) の大きさで抑えられてふれまわっている状態である。

前向きラビングの発生した場合の応答曲線を**図 8.16**, **図 8.17** に示す。図 8.16 ではクリアランスが $\delta = 0.3$ と大きく,共振のピーク値がクリアランス以

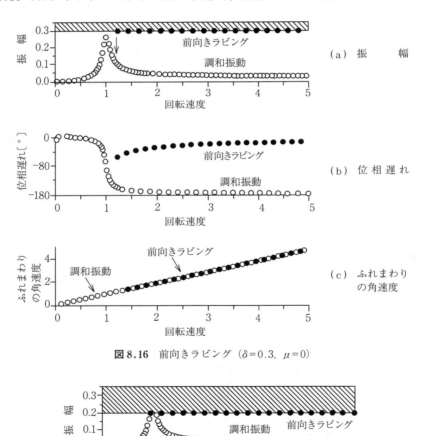

図 8.16　前向きラビング ($\delta = 0.3$, $\mu = 0$)

図 8.17　前向きラビング ($\delta = 0.2$, $\mu = 0$)

8.4 ラビング

下の場合である。接触部が滑らかな場合を考え，式(8.40)中の摩擦係数は$\mu=0$とした。図8.16(a)の応答曲線では，前向きラビング（●印）は危険速度より大きな，ある回転速度以上の広い範囲で発生している。例えば，高速領域で軸に外乱を与えると，軸がガイドに接触してこの前向きラビングが発生することがある。その状態で回転速度を下げていくと，軸はガイドから離れることなくラビングが続くが，矢印の位置で調和振動へ跳躍する。摩擦係数μが大きくなると，この跳躍する回転速度は大きくなり，前向きラビングの発生範囲は高速側へ移動する。図8.16(b)は位相遅れを示すが，接触時には危険速度より高速側においても，重心Gは軸中心Mの外側に位置している。図8.16(c)はふれまわりの角速度を示す。軸の回転速度と同期してふれまわっていることがわかる。

図8.17にクリアランスが$\delta=0.2$と小さく，共振のピーク値がクリアランスより大きい場合を示す。調和振動の共振ピークの低速側で応答曲線から分岐して前向きラビングの応答曲線が高速側へ延びている。したがって，この場合は低速側から加速していくと，共振点通過後，引き続きラビングの状態に入る。

〔2〕 **後ろ向きラビング**　接触部の摩擦係数が比較的大きいときには，図8.15とは異なり，回転軸はガイドの内壁に沿って時計方向に転がる。これを後ろ向きラビングという。すべりがなければ，そのふれまわり角速度Ωは，玉軸受の鋼球の公転速度の式（山本・石田，2001）に，クリアランスδが回転軸半径Rに比べてかなり小さいという仮定を導入して得られる近似式

$$\Omega = -\frac{R}{\delta}\omega \tag{8.43}$$

で与えられる。すべりを伴えば，ふれまわり角速度はこの値より小さくなる。

図8.18に，接触部の摩擦係数を$\mu=0.5$とした結果，後ろ向きラビングの発生した場合の応答曲線とふれまわり角速度を示す。クリアランスは$\delta=0.3$で共振ピークより大きい。外乱を与えると後ろ向きラビングが発生するが，それは危険速度より低い回転速度から広い範囲で発生している。また，ふれまわりの角速度は回転速度に比例している。

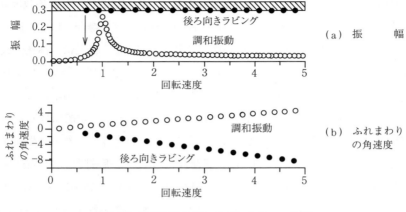

(a) 振幅

(b) ふれまわりの角速度

図 8.18 後ろ向きラビング ($\delta=0.3$, $\mu=0.5$)

〔3〕**衝突振動** 摩擦係数が非常に小さい場合は，衝突運動が発生することがある。**図 8.19** はガイドとの衝突を繰り返しているときの軌道を示す。

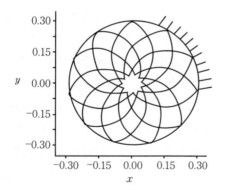

図 8.19 衝突振動の軌道
($\delta=0.3$, $\mu=0$, $\omega=8$)

8.4.4 実 験 結 果

図 8.20 に実験装置を示す。直径 12 mm，長さ（軸受と円板の距離）760 mm の鉛直弾性軸に，直径 260 mm，厚さ 10 mm の円板が取り付けられている。円板の下部にガイド用の板が設けてあり，そこに内径 20 mm の単列深みぞ玉軸受がはめてある。回転軸はこの軸受内を通っている。実験でガイドに接触時の

8.4 ラビング

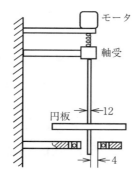

図 8.20 実験装置

摩擦係数を所望の値に調整することは，一般的に困難である．ここでは，玉軸受内輪をガイドとすることにより摩擦係数が小さい場合を実現し，一方，玉軸受の内輪と外輪の間に接着剤を入れて内輪が回転しないように固定することにより摩擦係数が大きい場合を実現したが，そのときの摩擦係数の値は不明である．

図 8.21 は，内輪が自由に回転できる場合，すなわち摩擦係数が比較的小さい場合の結果である．共振点のピーク値がクリアランスより大きいため，ゆっくり加速した場合には共振点で回転軸は軸受内輪に接触し，それ以後はラビングが発生し続けた．なお，危険なので 600 rpm 付近で強制的に振幅を抑えた．

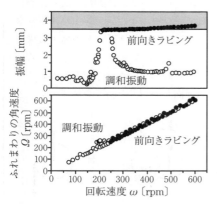

図 8.21 内輪が自由に回転する場合

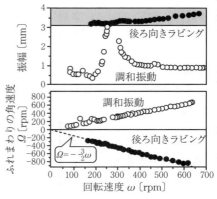

図 8.22 内輪の回転を固定した場合

ふれまわりの角速度は回転速度と同期しており，これは前向きラビングであることが確認できる。

図 8.22 は内輪が固定された場合，すなわち摩擦係数が比較的大きい場合の結果である。回転軸は共振点でガイドに接触し，そこから加速した場合も減速した場合も後ろ向きラビングが発生した。参考のため，式 (8.43) の関係 $\Omega = -(R/\delta)\omega = -(6/4)\omega = -(3/2)\omega$ を破線で示した。この破線上にラビングのデータが集まっていることから，回転軸はすべることなく内輪上を転がっていることがわかる。

ノート

ラビングは強制振動か自励振動か

上記の結果を見ると，前向きラビングでは回転速度と同期してふれまわり運動が発生し，後ろ向きラビングでは回転速度に比例した角速度で発生している。"自励振動は系の固有角振動数で発生し，強制振動は励振振動数に比例した振動数で発生する" という一般的特性から考えると，図 8.21 と図 8.22 に示す結果はいずれも強制振動としての特性をもっている。しかし，後ろ向きラビングについては，実際にはもっと複雑な性質をもっているようである。

後ろ向きラビングを最初に報告した Baker は，"Self-Induced Vibration" と題する論文（1933）でこの現象を紹介し，Timoshenko は「工業振動学」（第 3 版，1954）の中で，"その旋回速度は，軸の危険速度あるいは横振動数と同じ振動になる" と述べているが，実験データは示されていない。また，デン・ハルトックは「機械振動論」（第 4 版，1956）の中で，この後ろ向きラビングの発生機構をつぎのように説明している。**図 8.23** の左の図は，反時計まわりに回っている回転軸がガイドに接触した状態を示し，ガイドから軸へ下向きに摩擦力①が働く。このとき回転軸の中心に力①と平行に一対の逆向きの力②と力③を加えても，こ

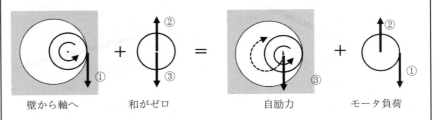

壁から軸へ　　和がゼロ　　　自励力　　　モータ負荷

図 8.23 後ろ向きラビングの発生メカニズム

れらの力の和は零であるので，全体として変化はない．これらの力の組合せを変え，力①と力②をペアとして考えると，これは軸の回転に対してブレーキの働きをするモーメントとなり，モータの負荷となる．すると，軸中心に働く力③が残り，これはふれまわりと同じ方向であるので系に仕事をして，エネルギーが入る．その結果，ラビングが発生する．

実験データとしては，Lingener の詳細な研究（1990）があり，その報告の中で，「回転軸はステータの内面に沿って，その回転とは逆の方向へ転がる．さらに回転速度を上げていったとき，ふれまわりの角速度は回転速度に比例して増加せず，ある一定の値に近づく」と述べている．これも自励振動の一般的性質を指摘しているが，ただし，このふれまわりの角速度が系の固有角振動数と一致するか否かは不明である．

筆者の一人は，**図 8.24**(a)に示す実験装置で図 8.24(b)の実験結果を得た．図 8.20 に示した実験装置との大きな違いは，両端支持の回転軸であること，ガイドの軸受内輪が自由に回転できることである．図 8.23 のように反時計回りに回転している回転軸が軸受内輪に接触すると，摩擦力（図 8.23 の左図の①）が発生し，回転軸は時計回りに転がり始めるが，その反作用として軸受内輪が反時計回りに回転する．その結果，回転軸とガイドの間にすべりが生じた場合と同じ状態になり，ふれまわりの角速度は式 (8.43) の関係から外れ，自励振動に移りやすくなる．図 8.24(b)に応答曲線とふれまわり角速度を示す．小さな円（○）

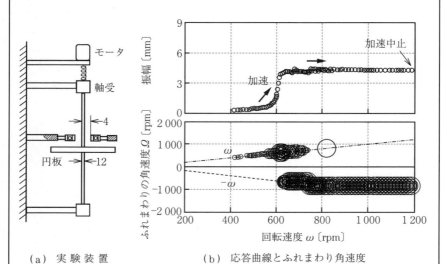

(a) 実験装置　　　　　　(b) 応答曲線とふれまわり角速度

図 8.24　後ろ向きラビングの自励振動

は軸受内輪に接していない場合，大きな円（○）は接触している場合を示す．この実験ではゆっくり加速しながら測定したが，共振点（620 rpm 付近）で共振によってガイドに接触し，さらに共振点を越えると後ろ向きラビングへ移る．ただし，ふれまわりの角速度が一定のまま，ラビングが発生し続けている．なお，この一定値は共振点における後ろ向きの固有角振動数より少し大きな値となっているが，それはガイドの軸受に接触することにより，系の全体の剛性が変化したためである．

　いずれにしても，後ろ向きラビングが強制振動として発生するか，自励振動として発生するかは，系の寸法，系の剛性，接触部の摩擦力とすべり状態，接触に至る外乱の大きさなど，さまざまな要因によって決まるのであろう．

9

回転機械の制振

　回転機械の振動を小さくしたいとき，まず最初に考えなければならないことは7章で解説したロータの釣合せである．しかし，完全に釣合いをとることはできないし，運転中に不釣合いの大きさや方向が変わることもある．さらに，強制振動や自励振動などの多くの種類の振動が発生するため，それぞれの振動に合わせた制振法が必要である．

　制振法は受動的制振法と能動的制振法に分類される．振動系にばね・減衰・質量を加えてそれらのパラメータの値を最適値に調整して振動を小さくする方法が受動的制振法（パッシブ制振法）である．一方，系の外からエネルギーを供給し，制御理論を適用してパラメータの値を機械的，電気的に調整して振動を小さくする方法が能動的制振法（アクティブ制振法）である．一般に，能動的制振法のほうが受動的制振法より大きな効果が得られるが，機構の複雑さ，安全性，コストの観点から，受動的制振法のほうが望ましい．本章では，回転機械で提案されている各種の受動的制振法について紹介する．

9.1　振動の種類と制振

本節では，振動の種類別に制振の基本方針を説明する．

9.1.1　強制振動とその制振

これまでの章で説明したように，一般に，強制振動はつぎの特徴をもつ．
(1)　ふれまわりの角振動数は回転速度と密接な関係をもつ．例えば，上記

の不釣合い振動の例では回転速度と等しく,また振動の原因によっては回転速度の整数倍あるいは整数分の1などの振動もある。
(2) 共振曲線の振幅は回転速度の狭い範囲でピークを形成する。

これらの特徴を踏まえ,強制振動はつぎの基本方針に沿って制振する。
(1) 振動の原因を取り除く。
(2) 使用範囲が共振領域に入らないように運転する。
(3) 減衰を付加する。
(4) アクティブ制振法あるいはパッシブ制振法を適用する。

9.1.2 自励振動とその制振

一般に,自励振動はつぎの特徴をもつ。
(1) 振動数はほぼ一定で,その値はロータ系の固有角振動数の一つとほぼ等しい。
(2) ある回転速度以上の広い範囲で発生する。
(3) 摩擦力や流体力などが振動中に仕事をし,系にエネルギーを入れるメカニズムができている。
(4) 振幅は成長するが,多くの場合,エネルギーの流入と散逸がバランスして一定振幅に落ち着く。

これらの特徴を踏まえ,自励振動はつぎの基本方針に沿って制振する。
(1) 振動の原因を取り除く(系にエネルギーが入るメカニズムを崩す)。
(2) 運転範囲が自励振動の発生回転速度領域に入らないようにする(固有角振動数と関連する回転速度以上で発生するので,固有角振動数を高くする)。
(3) 減衰を付加する(外部減衰によるエネルギー散逸を,自励振動の原因となるエネルギー流入より大きくする)。
(4) アクティブ制振法あるいはパッシブ制振法を適用する。

9.2 強制振動の制振

9.2.1 回転体の釣合せ

回転体の振動を抑えるために最初に行わなければならないことは,ロータの釣合せである。これに関しては,7章で詳しく述べたので,説明を省略する。

9.2.2 共振の回避

主危険速度をはじめ,いろいろな原因からさまざまな回転速度で共振が発生する。一般的には,**図9.1**のように,定格運転速度が危険速度の±20%以内に入らないようにロータの寸法を設計する。

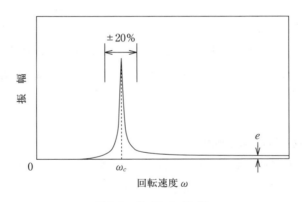

図9.1 共振の回避

9.2.3 粘性ダンパを利用した制振

大型の軍用双発ヘリコプターの駆動軸のふれまわり振動を抑えるため,流体の粘性を利用したダンパが開発されている(Prauseら,1967)。このヘリコプターでは,前と後ろにプロペラをもち,それらを一つのエンジンで駆動しているため,細くて長い駆動軸が用いられている。粘性ダンパの機構を**図9.2(a)**に示す。弾性軸に軸受を介して円板を取り付け,その両側をドーナツ状の円板

158　9. 回転機械の制振

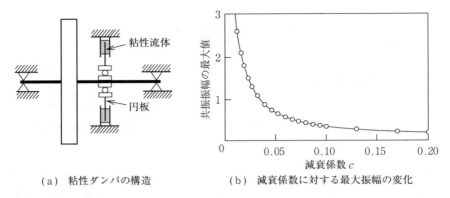

(a) 粘性ダンパの構造　　(b) 減衰係数に対する最大振幅の変化

図 9.2　流体ダンパ

で挟み，それらの間に粘性流体を封入してある。このモデルの運動はジェフコットロータの運動方程式に粘性減衰項を加えた式 (2.29) によって支配され，その応答曲線は図 2.11 に示される。図 (b) は，共振振幅のピーク値を減衰係数 c に対して求めたものであるが，最大振幅は減衰が小さい領域では効果が比較的顕著に現れるが，最大振幅がある程度抑えられた後に減衰係数を大きくしても，その効果は小さい。

9.2.4　防振ゴムによる制振

防振ゴムは機械の振動が基礎に伝わるのを減らすために広く用いられているが，その制振効果については不明なことが多い。防振ゴムをモータに適用した例を **図 9.3** に示す（伊藤，1962）。この例では，図 (a) のように，モータの回転軸を支持している軸受とハウジングの間に防振ゴムが封入されている。図 (b) は，回転速度が 10 000 rpm （≒ 0.167 kHz）の場合に，防振ゴムを用いた場合と用いない場合の加速度スペクトルを比較したものである。周波数 0.167 kHz でのピークは回転速度成分であり，この例ではその振動成分には制振効果が見られないが，高次振動成分に対しては防振ゴムの内部摩擦が制振効果を発揮していると考えられる。この場合，防振ゴムの有無による危険速度の変化が見られないため，防振ゴムの剛性は比較的大きいと推察される。

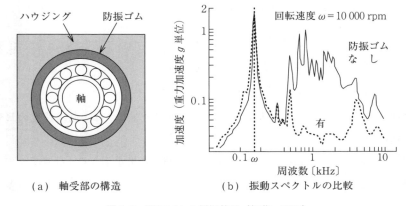

(a) 軸受部の構造　　　(b) 振動スペクトルの比較

図 9.3 防振ゴムの制振効果（伊藤，1962）

　図 9.3 の高次振動成分に対する制振効果を確保しつつ，回転速度成分のピークを小さくすることを試みる．防振ゴムをばねとダッシュポットでモデル化し，この弾性復元力に注目する．**図 9.4**(a) はジェフコットロータの両端の軸受を防振ゴムで支持したものである．円板の質量を m，円板の中心 S の位置を (x, y)，円板に加わる減衰力の減衰係数を c，回転軸のばね定数を k，軸受の質量を m_0，その変位を (x_0, y_0)，防振ゴムによる減衰係数を c_0，そのばね定数を k_0 とすると，運動方程式は次式で与えられる．

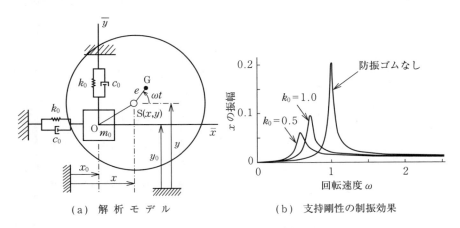

(a) 解析モデル　　　(b) 支持剛性の制振効果

図 9.4 防振ゴムによる軸受支持

$$\left.\begin{array}{l}m\ddot{x}+c\dot{x}+k(x-x_0)=me\omega^2\cos\omega t\\m\ddot{y}+c\dot{y}+k(y-y_0)=me\omega^2\sin\omega t\\m_0\ddot{x}_0+c_0\dot{x}_0-k(x-x_0)+k_0x_0=0\\m_0\ddot{y}_0+c_0\dot{y}_0-k(y-y_0)+k_0y_0=0\end{array}\right\} \quad (9.1)$$

応答曲線を図(b)に示す.防振ゴムを柔らかくするにつれ,危険速度のピークが小さくなっていくことがわかる.

なお,ゴムの内部減衰にのみ頼る方法は比較的効果が小さく,Oリングで支持し,そこに油を注入して粘性減衰を作用させる方法が効果的である(多々良,1971).

9.2.5　重ね板ばねによる制振

〔1〕 **構造および実験結果**　重ね板ばねの各板の間で働く乾性摩擦を利用してエネルギーを散逸させて制振する方法がある.一般に,重ね板ばねの摩擦力は大きいため,大きな制振効果を期待でき,また各板の間の接触圧力を変えて摩擦力の大きさを調整しやすいこともこの方法の利点である.**図 9.5**に,Tallian and Gustafsson(1965)が用いた装置を示す.このダンパでは,軸受を3方向から重ね板ばねで支持しており,図9.3の防振ゴムを重ね板ばねで置き

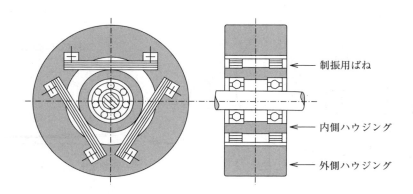

図 9.5　重ね板ばねを用いた制振ダンパ(Tallian and Gustafsson, 1965)

換えた構造となっている。ただし，彼らの論文では，この装置を用いたときの応答曲線の変化に関する実験結果を示していないため，その制振効果については定かでない。

9.3節で，重ね板ばねを自励振動を抑えるために用いたときの実験結果を後述するが，その図9.25で強制振動に対する効果も確認できる。そこでは制振装置を軸受支持部ではなく，弾性軸の途中の変位が比較的大きいところにダンパ装置として重ね板ばねを追加して取り付けているという違い，さらには重ね板ばねを片持ちにして4方向から制振用の軸受を支えているという違いはあるが，基本的な構造は同じである。その図9.25に示すように，自励振動が発生しなくなるだけでなく，主危険速度の共振ピークも小さく抑えられている。

〔2〕 **理論解析** ここでは，乾性摩擦を利用したときの制振効果について，理論的に説明する（石田・劉，2004a）。理論モデルを**図9.6(a)**に示す。これは，図4.1に示した2自由度傾き振動系の弾性軸の途中に軸受をはめ，その軸受を重ね板ばねで押さえたものである。重ね板ばねが軸受を押す法線方向の力を N，板ばね間の摩擦係数を μ とすると，振動中にクーロン摩擦力 $F=\mu N$ が働く。振動中に N の大きさは変動するが，与圧をある程度大きくすれば，摩擦力 $F=\mu N$ は一定と見てよい。その場合のばね特性は図(a)に示してある。式(8.28)を参照すると，つぎの運動方程式を得る。

$$\left.\begin{array}{l}\ddot{\theta}_x+i_p\omega\dot{\theta}_y+c\dot{\theta}_x+(1+k_L)\theta_x-D_{Lx}=(1-i_p)\tau\omega^2\cos\omega t \\ \ddot{\theta}_y-i_p\omega\dot{\theta}_x+c\dot{\theta}_y+(1+k_L)\theta_y-D_{Ly}=(1-i_p)\tau\omega^2\sin\omega t\end{array}\right\} \quad (9.2)$$

ここに，k_L は重ね板ばねによるばね定数の増加，また D_{Lx}，D_{Ly} は重ね板ばねに起因する摩擦力を表す。それらは式(8.27)で述べたとおり次式で与えられる。

$$D_{Lx}=-h_L\frac{\dot{\theta}_x}{|\dot{\theta}_x|}, \qquad D_{Ly}=-h_L\frac{\dot{\theta}_y}{|\dot{\theta}_y|} \quad (9.3)$$

ただし，ここでは，静止座標で表現されている。

回転軸が円軌道でふれまわる場合，粘性減衰力は速度に比例するので1サイクル中に失われるエネルギー（ヒステレシスの面積に相当）は半径の2乗に比

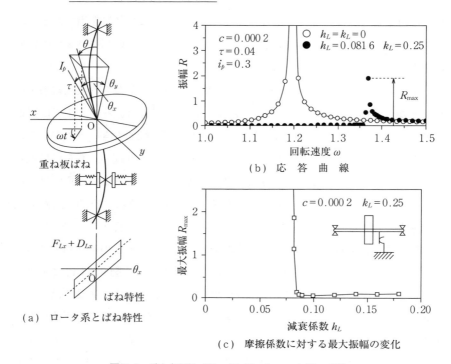

図 9.6 重ね板ばねダンパを用いたロータ系の応答

例する。一方，この乾性摩擦力は大きさが一定であるので，それは半径の1乗に比例する。したがって，粘性減衰力では大振幅のときに制振効果は大きくなり，重ね板ばねでは小振幅のときに制振効果が大きいといえる。この特性の違いにより調和共振に対する影響に違いが生じる。応答曲線に及ぼす重ね板ばねの影響を図(b)に示す。○印（$h_L=k_L=0$）で示す大きな共振が，重ね板ばねにより●印のように小さく抑えられている。板ばねの摩擦力をもう少し増やせば，共振自体が完全に消える。すなわち，粘性減衰の場合には，減衰を大きくすると共振がなだらかとなってピークが除々に小さくなるが，減衰がかなり大きくなっても共振が消えることはない。一方，この乾性摩擦の場合には，摩擦力を大きくすると最初はあまり効果が現れないが，ある大きさで突然効果が現れて振動のピークが小さくなり，振幅がほぼ零となることが特徴的である。

図(c)は応答曲線の最大値 $R_{\max}$ をクーロン摩擦の係数 h_L の関数として示したものである。係数 h_L がある臨界値 $h_L \approx 0.08$ 以下のときは振幅の最大値を減らすことができないが，それを超えると共振がなくなる。この変化は，粘性減衰の図9.2(b)と比較すると特徴的である。なお，図9.6(b)はこの臨界値付近の場合の応答曲線を示している。

9.2.6 動吸振器の定点理論を用いた制振

〔1〕 **定点理論の概要**　代表的な制振理論に，**動吸振器**（dynamic vibration absorber）における**定点理論**がある。動吸振器とは，**図9.7**(a)のように振動をしている機械にばね質量系（動吸振器）を取り付け，動吸振器が大きく振動することによって本体の共振振動を抑える制振装置である。この場合，動吸振器に減衰がないと共振振動数が移動するだけなので，動吸振器に減衰を加え，広い範囲で振動を抑える理論が開発された（Ormondroyd and Den Hartog, 1928）。その結果を以下に示す。なお，理論の詳細は振動学の教科書（例えば，Den Hartog, 1956；石田・井上, 2008）を参照してほしい。その結果を以下に示す。図中に記載した記号を用いると，図(a)の2自由度の振動系を支配する運動方程式は

$$\left.\begin{array}{l} m_1\ddot{x}_1 + c_2\dot{x}_1 - c_2\dot{x}_2 + (k_1+k_2)x_1 - k_2x_2 = F\cos\omega t \\ m_2\ddot{x}_2 - c_2\dot{x}_1 + c_2\dot{x}_2 - k_2x_1 + k_2x_2 = 0 \end{array}\right\} \quad (9.4)$$

で表される。ここで，つぎの無次元パラメータを導入する。

$$p_1 = \sqrt{\frac{k_1}{m_1}}, \qquad p_2 = \sqrt{\frac{k_2}{m_2}},$$

$$\mu = \frac{m_2}{m_1}, \qquad \zeta = \frac{c_2}{2\sqrt{k_2 m_2}}, \qquad \delta_{st} = \frac{F}{k_1} \quad (9.5)$$

を定義する。動吸振器の減衰を変化させて共振曲線を計算すると，図(b)が得られる。なお，縦軸には本体（質量 m_1）の振幅 X_1 を静たわみ量 δ_{st} で割った値 $f = X_1/\delta_{st}$ を用いた。いずれの減衰の場合も定点PとQを通っている。

定点理論では，まず質量比を $\mu = 0.05 \sim 0.1$ になるよう動吸振器の質量 m_2

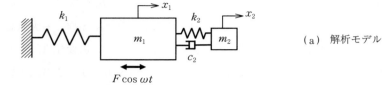

(a) 解析モデル

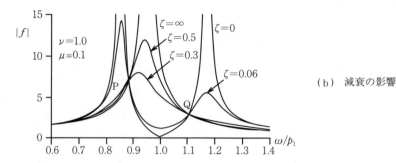

(b) 減衰の影響

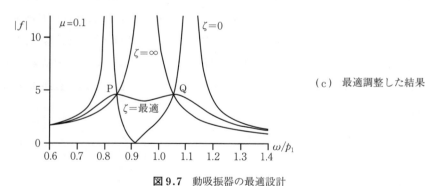

(c) 最適調整した結果

図9.7 動吸振器の最適設計

を決めた後，この応答曲線の振幅を広い範囲でなるべく小さくするため，つぎの二つの条件を課す．

〔条件1〕 共振曲線で，二つの定点PとQでの振幅が同じ値をとる．
〔条件2〕 共振曲線で，二つの定点PとQにおいて同じ極大値をとる．

定点理論によれば，条件1は固有角振動数比 $\nu = p_2/p_1$ を

$$\nu = \frac{1}{1+\mu} \tag{9.6}$$

とすれば満たされ，条件2は

$$\zeta = \sqrt{\frac{3\mu}{8(1+\mu)}} \tag{9.7}$$

とすればよいことがわかっている。図 (c) に，$\mu = 0.1$ として動吸振器が最適に調整されたときの共振曲線を示す。

〔2〕 **定点理論を適用した回転軸の制振**（Kirk and Gunter, 1972 ; Ota and Kanbe, 1976）　定点理論を回転軸系の制振に適用した例を**図 9.8** に示す。図 (a) に示すようにこのモデルでは，軸受を弾性支持して自由度を増やし，その軸受を支持するダンパのパラメータ値を変化させてなるべく広い範囲で振幅が小さくなるように設計した。図 (b) 中の記号 c は軸受部の減衰係数 c_1 をある物理量で割って無次元化した量である。減衰が非常に大きくなれば軸受の移動がなくなるから 1 自由度のばね質量系に近づき，共振曲線は回転速度 $\omega = 1.0$ 付近にピークをもつ。減衰が小さくなると軸受部の自由度の影響が現れ，二つの大きなピークをもつ 2 自由度系に変化していく。この途中の $c = 10$ のときに比較的広い範囲で振幅が小さくなっており，これが最適減衰となる。ただし，この回転軸系の場合，定点 P は明瞭だが，点 Q については多少のずれが生じている。

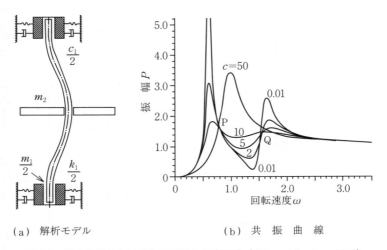

(a) 解析モデル　　　　　(b) 共振曲線

図 9.8　回転軸系における動吸振器の最適設計（Kirk and Gunter, 1972）

9.2.7 スクイズフィルムダンパ軸受を用いた制振

航空機用ジェットエンジンに用いられている転がり軸受の減衰作用は小さいので,一部の軸受に**図 9.9**のような**スクイズフィルムダンパ軸受（SFD 軸受）**

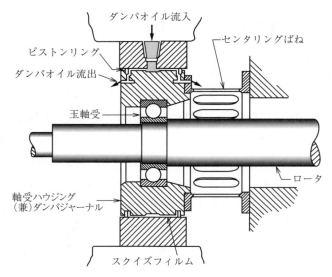

図 9.9 SFD 軸受（F. F. Ehrich 氏提供）

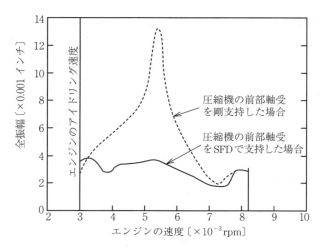

図 9.10 SFD 軸受の効果（Morton, 1965）

を用いて減衰を与えている.転がり軸受がハウジングに取り付けられ,ハウジングの外側のすき間には油膜がある.この内側の要素にはセンタリングばねが付いており,半径方向に移動できるが,回転はできない.振動が発生すると内側の要素が薄い油膜の中を移動するので減衰が与えられる.このセンタリングばねの剛性とすき間の大きさを調整して設計すれば,大きな減衰効果が得られる.図 9.10 は,実際の航空機用エンジンでその効果を示した例(Morton,1965)である.破線のピークが実線のように抑えられている.

9.2.8 不連続ばね特性を利用した制振

〔1〕 **不連続ばね特性と共振曲線** 不連続ばね特性をもつダンパを用いた制振法を紹介する(石田・劉,2004b/Patent:PCT/JP2004/013227(International),ZL200480032779X(China)).図 9.11(a)はジェフコットロータにこのダンパを設置した回転軸系の全体図,図(b)は不連続ばね特性を示す.このダンパの具体的な構造は後述するが,それを設置した結果,図(b)の特性(直線 O-a と b-c)が得られたと仮定する.このばね特性は二つの部分からなっている.一つは変位 $r<\delta$ の部分で,以下では「システム1」と呼ぶ.こ

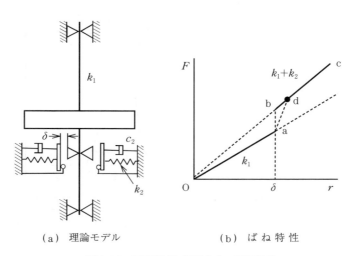

(a) 理論モデル   (b) ばね特性

図 9.11 不連続ばね特性をもつ回転軸系

のシステムのばね定数は k_1 であり，回転軸のばね定数と同じである．他の一つは変位 $r>\delta$ の部分で，以下では「システム 2」と呼ぶ．システム 2 のばね定数は k_1+k_2 である．それぞれの線分は変位に比例しているが，両者は不連続である．円板がふれまわり半径 r（一定）の円運動をしているとき，復元力はばね特性上の一点を利用していることになる．この特徴は，以下の制振法を可能にしている．

図 9.12 の実線で示されるシステム全体の応答曲線は，システム 1 の応答曲線とシステム 2 の応答曲線を合わせたものとなる．破線は実際には存在せず，参考のため記入してある．実線はすべて安定解であり，したがって過渡的な解は，この実線に収束する．小さな矢印は，収束の方向を示す．この解の収束性を考えると，この回転軸系の挙動がつぎのように予測できる．まず，回転速度範囲 AB ではシステム 1 の安定解の振動が現れる．範囲 BE では，$r>\delta$ でシステム 2 にあるときには，振幅は実在しない曲線 GH に向かって減少し，逆に $r<\delta$ でシステム 1 にあるときは，振幅は曲線 BC あるいは DE に向かって増加する．その結果，振幅は大きさ δ 付近にとどまる．範囲 EL ではシステム 1 の安定解の振動が発生するが，ただし範囲 HK の中で外乱が入ると，システム 2 の大振幅の振動が HI，JK 上で発生する危険性がある．

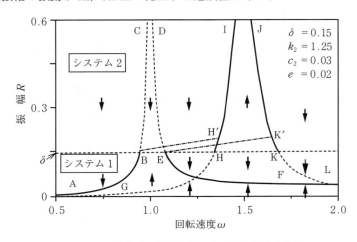

図 9.12 不連続ばね特性をもつ系の応答曲線（理論）

9.2 強制振動の制振

以上の考察を確認するため,数値シミュレーションを行った結果を**図 9.13**に示す。なお,システム 2 の減衰 c_2 を図 9.12 の場合よりも少し大きくした(制振装置でつくり出すシステム 2 のパラメータは任意に変更できるものと仮定する)。○印は一定半径の定常ふれまわり運動の半径,●印は図の右上に示した xy 平面上の軌道(振幅が変動する概周期運動)の半径の最大値と最小値を示す。ゆっくり回転速度を上げていくと,振幅は A→B→H→M(最大値)→K と変化し,点 K でシステム 1 内の安定な振幅へ跳躍する。

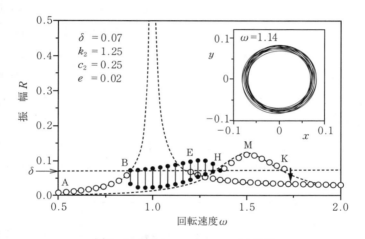

図 9.13 数値シミュレーションの結果

概周期運動が図 9.12 の速度範囲 BE だけでなく EH の間でも発生することを明らかにするため,図 9.11(b)の断片線形特性 O-a-d-c をもつ系を考える。本書では非線形系を扱わないが,非線形系(断片線形系)の知識を用いると,ばね特性曲線 O-a-d-c をもつ系の応答曲線は,システム 1 の応答曲線とシステム 2 の応答曲線を一点鎖線 BH′(安定)と EK′(不安定)で結んだものとなる。図 9.11(b)の点 b と点 d を近づけると,速度領域 EH では,振幅がほぼ δ の振動(ただし概周期運動)が現れることが理解できる。

このばね特性を制振装置として利用するためには,以下の二つの問題を考えなければならない。

(1) 高速側の共振ピーク（曲線 HMK）をなくす。
(2) 回転速度を上げていったとき，振動を高速側の共振ピークへ導く EH 間の概周期運動をなくす。

〔2〕**ばね剛性の方向差をもつ系**　第1の問題を解決するため，制振装置の減衰係数（システム2のc_2）を大きくして，共振ピーク（図9.13の点 M）の大きさをδ以下にする。なお，ここでは元の系（システム1だけの系）に大きな減衰を与えることはできないという立場で説明する。仮に大きな減衰を与えることができたとしても，その場合，大きな力がロータからダンパを介してケーシングへ伝わるので具合が悪い。一方，不連続ばねの場合は，図9.12においてシステム2に入った瞬間にロータはシステム1へ戻ろうとするので，大きな力は生じない。システム2の減衰係数c_2を大きくした場合の応答曲線を**図9.14**(a)に示す。この場合，高速側のピークは消えているが，図9.13のBH 間の概周期運動が高速側へ長く延びている。

つぎに，第2の問題を解決するため，図9.11(a)のばねに方向差を与える。システム2の直交2方向のばね特性k_{2x}, k_{2y}に1.7倍の差を与えた場合の応答

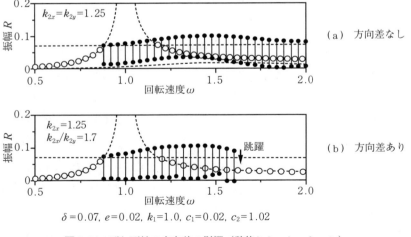

$\delta=0.07, e=0.02, k_1=1.0, c_1=0.02, c_2=1.02$

図9.14　ばね剛性の方向差の影響（数値シミュレーション）

曲線を図9.14(b)に示す。ゆっくりと回転速度を上げていった場合，$\omega=1.6$ 付近で概周期運動から離脱し，システム1内の小振幅の振動に移っている。

実験結果を**図9.15**に示す。図(a)は制振装置を示す。玉軸受が回転軸に取り付けられ，そしてこの軸受はすき間 $\delta=1$ mm を空けてリングで囲まれている。このリングは x, y 方向で，重ね板ばねで支持されている。重ね板ばねでは板間の接触部で大きな乾性摩擦力が働くので，ばね自体の弾性力に加えて大きな減衰力を与えることができる。したがって，高速側のピーク値を δ 以下に抑えることができる。ストッパ（ピン）は重ね板ばねの移動を止めるためのものである。重ね板ばねは外側には曲がることができるが，このストッパによって，内側には移動できないようになっている。重ね板ばねは δ に相当する初期曲がりを与えて設置してあるので，与圧をもってリングに接している。回転軸が右側に移動して $r=\delta$ になったとき，軸受はリングに接触する。その後リングと重ね板ばねを押し始める。この押す力が与圧より大きくなると重ね板ばねは変形し始め，ストッパから離れる。それと同時に，リングは左の重ね板ばねから離れる。図(b)はこの制振装置を用いた場合の実験結果を示す。破線は制振装置を用いない場合の応答曲線であり，その場合の共振のピーク値は 8 mm 近くある。記号●は制振装置を用いた場合に発生した概周期運動を示しており，最大振幅が約1 mm に抑えられている。

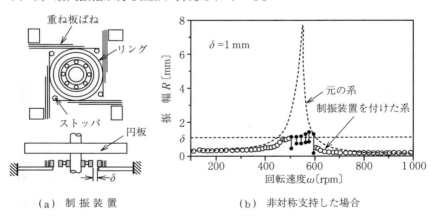

（a）制振装置　　　（b）非対称支持した場合

図9.15　実験装置と共振曲線

9.2.9 ボールバランサを利用した制振

〔1〕 **基本的な特性** 1950年,Thearle は,円板内に二つのボールを入れ,自動的に回転体のバランスをとる装置を考案した。この装置は多くの研究者によってその特性が詳しく調べられている(井上ら,1967,1979,1983など)。**図9.16**に,ボールバランサを設置したロータの理論モデルを示す。二つのボールがジェフコットロータのディスクに設けた空洞の中に入っている。この回転体の応答曲線とボールの角位置を**図9.17**に示す(太田ら,1991)。一つの回転速度に対して,複数の定常解が存在する。そのうち,実線が安定解,破線が不安定解を示す。危険速度より低速側では,記号①で示された安定解が現れる。この解では,二つのボールがロータの偏重心と同じ側に位置し,そのため振幅が増加する。危険速度より高速側の $\omega=1.121$ 以上では,ボールは偏重心とは反対側に位置し,振幅零の安定解⑦が現れる。この安定解⑦に対応して,二つのボールの位置は2本の曲線⑦で与えられる。このように,高速側では $\omega=1.121$ 以上で自動バランスが達成される。なお,ボールがない場合の応答曲線は③,⑥の曲線とほぼ一致し,その応答曲線は安定となる。

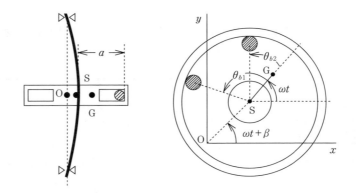

図9.16 ボールバランサの理論モデル

このように,理論的には危険速度の高速側で自動バランスが達成されるが,実際にはこのような完全バランスを実現することは難しい。図9.16の理論モデルと似た構造をもつ実験装置で得られた実験結果を**図9.18**に示す。この実

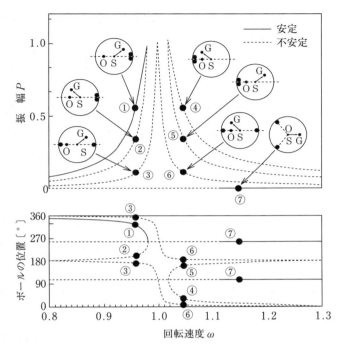

図9.17 応答曲線（理論解析結果）（太田ら，1991）

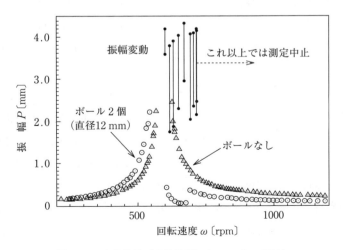

図9.18 応答曲線（実験結果）（Ishida ら，2011）

験装置では，直径260 mm，厚さ30 mmの円板が，長さ700 mm，直径12 mmの弾性軸の中央に取り付けられている。鋼製のボールの直径は12 mmである。△印はボールがない場合，○印は2個のボールを入れた場合の応答曲線を表す。この図からわかるように，このボールバランサは制振性能を低下させる二つの欠点をもっている。その第1の問題は，自励振動の発生である。共振点を越えたすぐの高速側ではボールが空洞内を転がり，その結果，変動する振幅をもつ大きなふれまわり運動が発生する。振幅の変動範囲は上下に・印をもつ細い線で表されている。この自励振動は最初，井上ら（1979）によって報告された。

　第2の問題は，ボールと軌道面の間で生じる摩擦の影響である。図9.17の理論結果と異なり，図9.18の実験結果では危険速度を超えた回転速度領域で振幅が零となっていない。これは避けがたい摩擦のため，ボールが最適な位置へ到達できないからである。この現象は，実機ではハンドグラインダにおいて観察されており（Lindell，1996），また理論的には，クーロン摩擦（Van de Wouwら，2005），乾性摩擦（Yangら，2005），転がり摩擦（Chaoら，2005）などを考慮して調べられている。ボールバランサは非常に特徴のある制振装置であるが，これまであまり普及しなかったのは，この二つの問題が原因である。

〔2〕　**問題に対する対策**　　ボールバランサを用いるためには，これら二つの問題点を克服することが必要である。共振点付近の自励振動に対する対策として，空洞を油で満たす方法（井上ら，1983；Wettergren，2002），空洞にパーティションを入れる方法（陣内ら，1993）などがある。しかし，油漏れの心配や，パーティションにボールが衝突するときの音の発生という問題が残る。

　摩擦のためにバランス精度が下がる問題に対する対策としては，ボールバランサの代わりに振り子バランサを用いる方法がある（Horvathら，2008）。これは，振り子バランサでは振り子を支えているヒンジの部分に摩擦が働くため，てこの原理でその影響が小さくなるからである。

　摩擦の影響を小さくするため，複数の軌道面をもつボールバランサを用いることも有効である（Ishidaら，2011）。彼らは，最初に，一つの軌道面に二つのボールを入れたボールバランサを用いて，約1 100 rpm付近で30回の実験

9.2 強制振動の制振

を繰り返し，現れた振幅の度数分布を調べた。その結果を図9.19(a)に示す。元の系に対応するボールがない場合の応答を△印で，ボールがある場合の応答を○印で示した。それらの振幅 P [mm] が，零と元の系の振幅の間に分布していることがわかる。図(b)は，これらのデータの度数分布を棒グラフで示している。この度数分布はつぎのようにして求めた。元の振幅として1060 rpmにおける振幅0.24 mmを採用し，これを12分割する。そして，例えば0.10 mmと0.12 mmの間に8個のデータがあるので，振幅がこの間に入る確率は8/30＝26.7%とした。いま，図(b)の度数分布を，図中の曲線で示した確率密度関数 $A\{1-\cos 2\pi(P/0.24)\}$ で近似する。なお，A の値は確率密度関数の積分値が100%になるように決定した。以上の結果から，ボールバランサを用いた場合の振幅の平均値は元の振幅の約半分になることがわかる。このことは，ボールが転動する軌道を複数にすれば，各軌道内のボールが順次止まって，その相乗効果（0.5×0.5×0.5×…など）で不釣合いを小さくできると期待される。

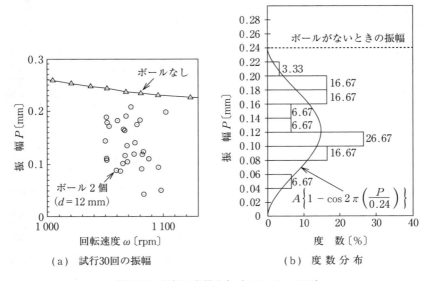

(a) 試行30回の振幅　　　(b) 度数分布

図 9.19 振幅の度数分布（Ishida ら，2011）

176　　9. 回転機械の制振

仮に，元の振幅を100として，この近似に従って30回の試行が1～100を間隔5で区切った中に収まる度数分布を**図9.20**に示す。以下，このようにして求めた分布を理論分布と称する。図(a)は軌道面が一つの場合の理論分布である。つぎに，図(b)のように軌道を二つ設けた場合，一つ目の軌道に入った二つのボールが止まると，振幅は図(a)の棒グラフの一つに収まる。つぎに，二つ目の軌道にボールが止まる場合の振幅は，一つ目の軌道にボールが止まったときの振幅に図(a)の理論分布を掛けることによって決まる。その結果，図(b)を得る。さらに，軌道を三つ設けた場合には，図(c)を得た。このように，軌道の数を増やすとバランスが向上するが，実験によると三つ以上増やしても効果はあまり向上しないようである。

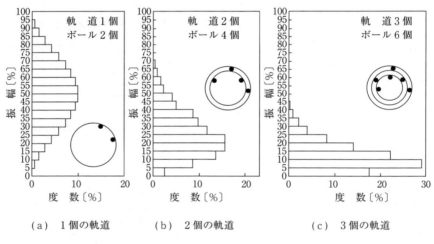

(a) 1個の軌道　　(b) 2個の軌道　　(c) 3個の軌道

図9.20 軌道が1，2，3個の場合の比較（理論）(Ishida ら，2011)

図9.21は，三つの軌道をもったボールバランサを用いたときの応答曲線の一例を示している。図9.18と比べると，高速側の応答はかなり改善されている。なお，自励振動防止のためにこの制振装置へさらにパーティションを設けても，それによってこのバランス効果が低下しないことが確認されている(Ishida ら，2011)。

9.2 強制振動の制振　177

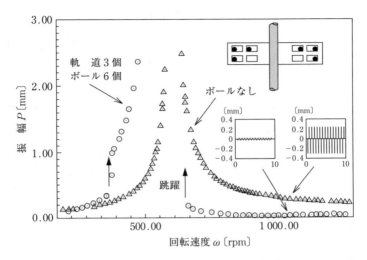

図9.21 3個の軌道をもつボールバランサ（実験結果）（Ishida ら，2011）

摩擦が妨げになってボールバランサによって完全に釣合いがとれない問題を解決する他の方法として，支持剛性に方向差を与える方法がある（井上ら，1979）。**図9.22**(a)に示す実験装置では，水平な板の上にモータが取り付けられている。板は両端でそれぞれ3枚の板ばねによって支持されているので，ロータは左右方向にのみ直線運動をする。モータの軸にはボールバランサが取

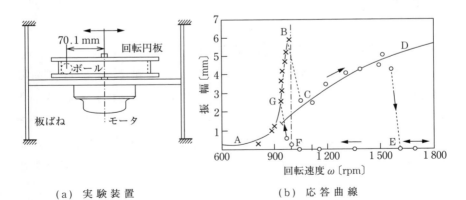

(a) 実験装置　　　　　　　　　(b) 応答曲線

図9.22 移動方向を拘束した回転機械に適用した場合（井上ら，1979）

り付けられている。実験結果を図(b)に示す。危険速度以下で振幅が大きくなること，および共振ピークより高速側のある回転速度範囲で自励振動が発生することは同様であるが，危険速度より高速側ではボールバランサの効果が現れ，しかもその振動の振幅が零となっている。

図9.18において図9.17における振幅零の安定解⑦に対応する実験結果が得られていないのは，大きな遠心力によってボールが半径方向に押し付けられ，その結果，接触点に摩擦力が生まれ，ボールの移動が妨げられるからである。しかし，図9.22のように直線運動に拘束することによってボールを周方向の最適位置へ動かすことができる。図9.22の実験装置においても，図9.17の振幅零の安定解⑦は存在するので，ボールは最適な位置に移動し，完全に近い自動バランスが達成されている。

9.3 自励振動の制振

8章で述べたように，自励振動は広い回転速度範囲で発生するので，ロータの寸法を変えて共振を避けるような対策は不可能である。基本的には，自励振動の発生メカニズムを壊すことで対応する。したがって，自励振動の種類によって制振対策はまったく異なる。

9.3.1 乾性摩擦に起因する自励振動の制振

〔1〕 **構造変更による制振**　8.3節で示した自励振動は，軸と取付部品間の摩擦に起因するので，はめあい部ですべらないような構造にすれば発生しづらくなる。例えば，はめあいの強さを強くすれば，自励振動は発生しづらくなる。また，例えば，**図9.23**(a)ははめあい部ですべりやすい構造と言えるが，これを図(b)のようにはめあい部の軸を太くすれば，軸と取付部品間ですべりにくくなり，自励振動は発生しなくなる。

〔2〕 **重ね板ばねによる制振**（石田・劉，2004a）　図8.8に，乾性摩擦が作用する軸の復元力特性はヒステレシスループ特性をもち，そのループ内の面

9.3 自励振動の制振

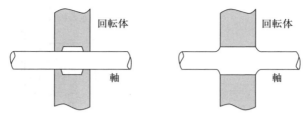

(a) 避けたほうがよい構造　　　(b) 望ましい構造

図 9.23　はめあい部の構造変更

積は振幅の1乗に比例することを示した。そして図8.12において，危険速度より高速側で一定振幅に収束した持続振動が現れるのは，振幅が小さいときは乾性摩擦によって1サイクル中に入るエネルギー（振幅の1乗に比例）が外部粘性減衰によって1サイクル中に失われるエネルギー（振幅の2乗に比例）より大きく，振幅が大きいときは前者が後者より小さくなるため，ある大きさの一定の振幅に収束するからであることも学んだ。

振幅の1乗に比例する内部減衰による流入エネルギーを，振幅の2乗に比例する粘性減衰によって消費して振幅を零にすることはできない。なぜなら，それは小振幅では必ず前者が勝るからである。しかし，振幅の1乗に比例してエネルギー散逸をする重ね板ばねを用いれば，それが可能であると考えられる。
図 9.24(a)は，重ね板ばねを用いて回転軸の自励振動を抑制した場合の実験装置である（石田・劉，2004a）。弾性軸の上端で軸受によって支持し，下部に円板を取り付けた片持ちのオーバハング軸である。軸は，軸受下面から円板中心までの長さ 700 mm，軸の直径 12 mm，円板は，直径 260 mm，厚さ 10 mm である。回転軸の途中にはめあいの強さを調整できるカラーをはめてある。この締付け力を変えることにより，乾性摩擦力の大きさを変化させることができる。一番下のプレートは板ばねを固定するためのもので，中央に穴が空いており，回転軸は穴の壁に接触していない。このプレートを上から見た構造を図(b)に示す。回転軸には玉軸受がはめてあり，その外輪を四方から重ね板ばねで押さえている。回転軸が振動するとこの板ばねが変形し，重ね板ばねの板の

180　　9. 回転機械の制振

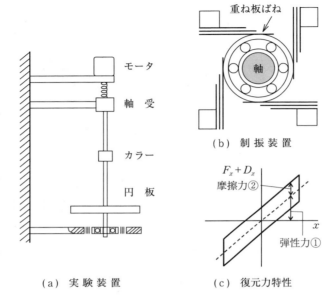

(a) 実験装置　　(b) 制振装置　　(c) 復元力特性

図 9.24　重ね板ばねを用いた制振装置（石田・劉, 2004）

間で乾性摩擦が発生し，この摩擦力が減衰力となる．図(c)に重ね板ばねを用いた場合の軸の復元力特性を示す．仮に回転軸を x 方向に $x = A\cos\omega t$ で正弦的に変化させたとすると，軸の弾性力と重ね板ばねの弾性力の和①に加え，重ね板ばね間の摩擦による力②が働くので，復元力はループを描く．

図 9.25 に実験結果を示す．図(a)は，プレート上の重ね板ばねを取り外した状態での実験結果である．この状態では，カラーと回転軸の間に乾性摩擦が働き，危険速度より高速側で自励振動が発生している．×印は与えた初期値の値，矢印は回転軸のふれまわりが成長していくことを表す．記号①の回転速度（$\omega = 652$ rpm）で測定した時刻歴を同じ図中に示す．

つぎに，重ね板ばねを用いたダンパを設置した場合の実験結果を図(b)に示す．共振ピークの減少と同時に，高速側の自励振動も消えている．

8.3.2 項と同様，2 自由度の傾き振動系を用いて，上記の制振効果を説明する．式 (8.28) に，重ね板ばねによる弾性力 $(-k_L\theta_x, -k_L\theta_y)$ と板ばね内の摩擦

9.3 自励振動の制振

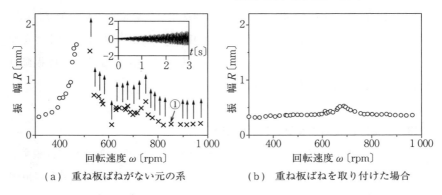

(a) 重ね板ばねがない元の系　　(b) 重ね板ばねを取り付けた場合

図 9.25 重ね板ばねダンパの制振効果（実験，石田・劉，2004）

力に起因する外部減衰力 (D_{Lx}, D_{Ly}) を追加した次式を用いる．

$$\left.\begin{array}{l}\ddot{\theta}_x + i_p\omega\dot{\theta}_y + c\dot{\theta}_x + \theta_x = F\cos\omega t + D_{ix} + D_{Lx} \\ \ddot{\theta}_y - i_p\omega\dot{\theta}_x + c\dot{\theta}_y + \theta_y = F\sin\omega t + D_{iy} + D_{Ly}\end{array}\right\} \quad (9.8)$$

ここに，カラーに起因する内部減衰力 (D_{ix}, D_{iy}) は式 (8.27) を用い，重ね板ばねに起因する外部減衰力は，簡単のためクーロン摩擦で仮定して

$$D_{Lx} = -h_L \frac{\dot{\theta}_x}{|\dot{\theta}_x|}, \qquad D_{Ly} = -h_L \frac{\dot{\theta}_y}{|\dot{\theta}_y|} \quad (9.9)$$

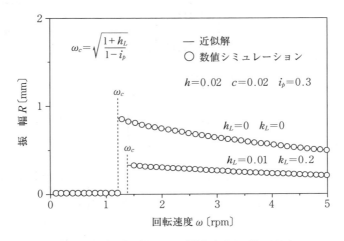

図 9.26 重ね板ばねによる制振（石田・劉，2004）

とおく。図 9.26 に解析結果を示す。制振器を用いない場合（$h_L=0$, $k_L=0$）に対して，制振装置を用いた場合（$h_L=0.01$, $k_L=0.2$）には振幅が小さくなり，ここではその解析は省略するが，$h_L>\pi h/4≈0.016$ になると自励振動は発生しなくなる（石田・劉，2004a）。

9.3.2 接触に起因するラビングの制振

8.4 節で述べたように，回転軸がガイド（保護輪）やケーシングに接触すると，後ろ向きラビング，前向きラビング，衝突運動などが発生し，非常に危険である。本節ではこれらのラビングの防止法について解説する。

〔1〕 **各種ラビングの発生確率**　どのようなラビングが発生するかは，接触点における摩擦力の大きさに依存する。式(8.42)を用いて，各ラビングの発生確率がクーロン摩擦の大きさによってどのように変化するかを調べた結果を図 9.27 に示す。回転速度は $\omega=6.0$ である。クーロン摩擦のいろいろな大きさの下で，図(a)に示す48点の初期位置と零の初速度を与えて数値シミュレーションを行った。図(b)はその結果である。記号○，●，×，－は，それぞれ後ろ向きラビング，前向きラビング，衝突運動，非接触調和振動を表

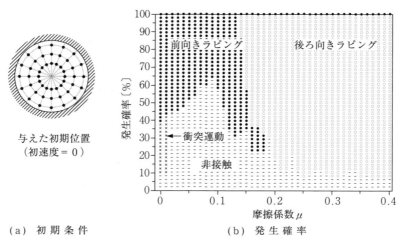

(a) 初 期 条 件 　　　　(b) 発 生 確 率

図 9.27　各ラビングの発生確率（Ishida ら，2004，2006）

す。この図から,摩擦が大きいときは後ろ向きラビングが起きやすく,摩擦が小さくなると前向きラビングが起きやすくなり,摩擦が非常に小さいときには,衝突運動がある確率で発生するようになる。疲労破壊の観点からは,後ろ向きラビングが最も危険であるので,一般論としては接触部の摩擦は小さいほうが望ましい。

〔2〕 **制振手順** 上記の結果に基づき,つぎのような二つのステップで制振する。

ステップ1: 最も危険な後ろ向きラビングが起きないように,接触部の摩擦を小さくする。図9.27(b)の結果によれば,後ろ向きラビングは起きず,またガイドと接触しない確率が最も高い摩擦係数 $\mu \approx 0.04 \sim 0.11$ の範囲が適当である。摩擦係数 μ の値はガイドの穴の部分に軸受をはめ,回転軸がその内輪に接触するようにすれば小さくできる。この軸受は,磁気軸受を用いた回転機械で補助軸受(バックアップベアリング)と呼ばれるものと同じである。

ステップ2: つぎに,この摩擦係数の範囲で発生する可能性がある前向きラビングを,補助軸受を剛性に方向差のあるばねで支持することによって抑える(Ishida ら, 2006; Inoue ら, 2011)。**図9.28**は,方向差のあるばね支持された補助軸受をもつロータ系を示す。x 方向のばね定数 k_x と y 方向のばね定

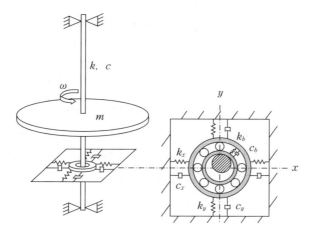

図9.28 方向差のあるばね支持した補助軸受を設けたロータ系

数 k_y の値は異なっている。**図 9.29**(a)は,回転速度 $\omega=1.3$ において求めた接触力の法線方向成分 F_n の理論解析結果を示す。この場合のばね定数の比(方向差)は $N=k_x/k_y=5$ である。この方向差のため,法線方向成分 F_n の大きさは周期的に変動している。図(b)は,法線方向成分が比 N によってどのような範囲で変動するか示したものである。法線方向成分 F_n の最小値 $F_{n\,min}$ が零になったとき,回転軸は補助軸受から離れる。したがって,この図から,N の値が 3.7 以上ならば,つねに小振幅の調和振動で振動することがわかる。

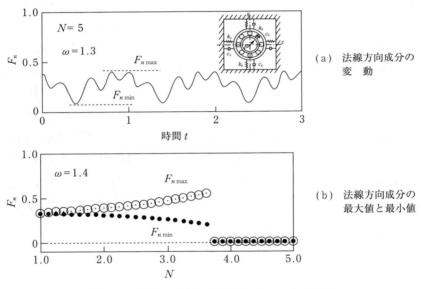

図 9.29 接触力の法線方向成分 F_n (Inoue ら,2011)

実験結果を**図 9.30** に示す。ふれまわり半径が約 4 mm になると回転軸は補助軸受の内輪内面と接触し,前向きラビングが発生し始める。補助軸受の支持が等方性の場合,前向きラビングは $\omega=605\sim1\,100$ rpm の広い範囲で発生する(図(a))。補助軸受の支持に方向差を与えると,前向きラビングの発生範囲は $\omega=605\sim770$ rpm に狭まる(図(b))。

9.3 自励振動の制振　185

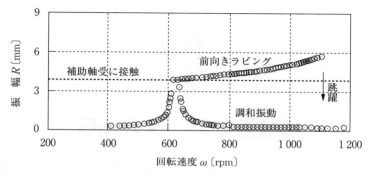

(a) 補助軸受を等方性支持した場合

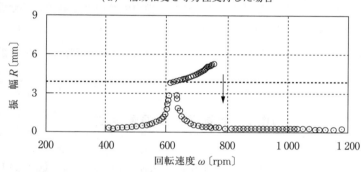

(b) 補助軸受を非等方性支持した場合

図 9.30 補助軸受の支持の方向差と前向きラビング (Inoue ら,2011)

以上のように,軸受によって摩擦係数を小さくし,その軸受の支持に方向差を与えることによって,ラビングの種類を相対的に安全なものに変え,さらにその発生回転速度範囲を小さくすることができる.

10

振動計測データの処理

回転機械が正常に動作しているかを監視する場合や，あるいは回転機械から振動や異音が発生している場合には，それらの振動データを計測して分析処理を行い，振動データに含まれる特徴を抽出する必要がある．本章では，計測データの表示法，周波数分析とその注意点，および波形処理例について解説する．

10.1　計測データの表示法

本節では，計測データのさまざまな表示法について述べる．図 10.1 (a)のような実際の回転機械において，回転軸やロータの振動を計測するためのスペースが確保できるような場合を考える．図 (b) に示すように，変位センサを用いてロータの水平方向の変位 $x(t)$，鉛直方向の変位 $y(t)$，および回転パルスを計測する．直角二方向で計測する理由は，ロータのふれまわり振動の向

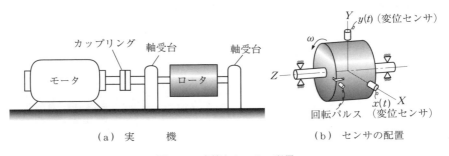

(a) 実　機　　　　　　　　　(b) センサの配置

図 10.1　実機とセンサの配置

きを知るためである。また，ロータに設けたみぞによりロータの1回転ごとに回転パルスが検出され，このパルスにより軸の回転数，ふれまわりの角振動数，および回転軸のたわみ方向を知ることができる。

図10.2に典型的な計測波形の例を示す。図(a)では，波形$x(t)$に極大値が現れてから1/4周期後に，波形$y(t)$に極大値が現れているので，前向きふれまわりが生じていることがわかる。図(b)では，波形$x(t)$と波形$y(t)$の極大値の現れ方が図(a)の場合とは逆になっているため，後ろ向きふれまわりが生じていることがわかる。

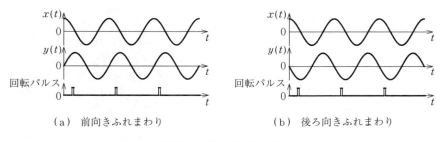

(a) 前向きふれまわり　　(b) 後ろ向きふれまわり

図10.2　計　測　波　形

測定波形$x(t)$と$y(t)$をO-xy座標上に描いた図形は**リサージュ図形**（Lissajous curves）と呼ばれ，この図により，実際に生じているロータのふれまわり軌道を拡大して観察することができる。**図10.3**に，いくつかのふれまわり軌道を示す。図(a)は円軌道，図(b)は楕円軌道であるが，図(c)，(d)は複雑な形状を示している。これらの軌道を次式

$$\left.\begin{array}{l}x(t)=a_1\cos\omega_1 t+a_2\cos\omega_2 t \\ y(t)=a_1\sin\omega_1 t+a_2\sin\omega_2 t\end{array}\right\} \tag{10.1}$$

で表した場合，図(a)はω_1のみ，図(b)は$\omega_1:\omega_2=1:(-1)$，図(c)，(d)は，それぞれ角振動数比が5：3，5：(-3)の場合の軌道である。なお，正と負の角振動数はそれぞれ前向きふれまわりと後ろ向きふれまわりを表す。

波形に含まれる二つの角振動数が近接している場合には，波形の振幅が周期的に大きくなったり小さくなったりする**うなり**（beat）と呼ばれる現象が観察

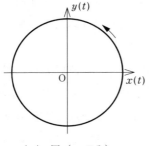
（a）円 （ω_1 のみ）

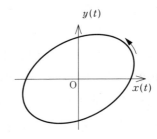
（b）楕円 （$\omega_1 : \omega_2 = 1 : (-1)$）

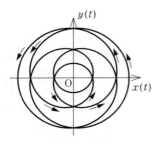
（c）二つの角振動数 （$\omega_1 : \omega_2 = 5 : 3$）

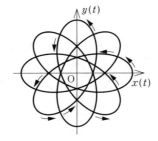
（d）二つの角振動数 （$\omega_1 : \omega_2 = 5 : (-3)$）

図 **10.3** 各種のふれまわり軌道

される．このような計測波形から，それに含まれる角振動数を推定できることを示そう．ここでは，$\omega_1 > \omega_2 > 0$ とし，式 (10.1) の第 1 式を変形すると

$$x(t) = a_1 \cos\omega_1 t + a_2 \cos\{\omega_1 t - (\omega_1 - \omega_2)t\}$$

$$= \{a_1 + a_2 \cos(\omega_1 - \omega_2)t\}\cos\omega_1 t + a_2 \sin(\omega_1 - \omega_2)t \sin\omega_1 t$$

$$= \sqrt{\{a_1 + a_2\cos(\omega_1-\omega_2)t\}^2 + a_2^2 \sin^2(\omega_1-\omega_2)t}\,\cos(\omega_1 t + \beta_1)$$

$$= \sqrt{a_1^2 + a_2^2 + 2a_1 a_2 \cos(\omega_1-\omega_2)t}\,\cos(\omega_1 t + \beta_1) \tag{10.2a}$$

あるいは

$$x(t) = \sqrt{a_1^2 + a_2^2 + 2a_1 a_2 \cos(\omega_1-\omega_2)t}\,\cos(\omega_2 t + \beta_2) \tag{10.2b}$$

となる．式 (10.2a)，(10.2b) は，それぞれ角振動数 ω_1，ω_2 で，振幅 A が

$$A = \sqrt{a_1^2 + a_2^2 + 2a_1 a_2 \cos(\omega_1 - \omega_2)t} \tag{10.3}$$

で時間的に変化する波形とみなすことができる．振幅 A の周期 T_b は

$$T_b = \frac{2\pi}{\omega_1 - \omega_2} \tag{10.4}$$

であるので，ω_1 と ω_2 が接近するほど長い周期となる．

図10.4（a），（b）に，$\omega_1 : \omega_2 = 5 : 4$ とし，それぞれ $a_1 > a_2$，$a_1 < a_2$ とした場合のうなりの波形を示す．周期 T_b の間に，図（a）では山の数が5，図（b）では山の数が4であるので，振幅の大きいほうの角振動数に対応する波形の山の数に一致している，という特徴があることがわかる．また，図（a）の波形はその変調振幅（破線）の腹で伸び，節で縮まっているという特徴があり，このような場合には隠されている角振動数 ω_2 は ω_1 より低い．一方，図（b）の波形はその変調振幅の腹で縮み，節で伸びるという特徴があり，この場合に隠されている角振動数 ω_1 は ω_2 より高い．

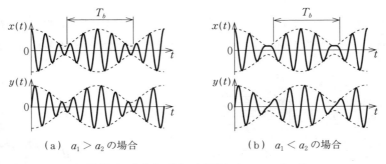

（a）$a_1 > a_2$ の場合　　　　（b）$a_1 < a_2$ の場合

図10.4 うなり（ビート現象）（$\omega_1 : \omega_2 = 5 : 4$）

波形に含まれている振動数を手早く知ることができる最も簡単な方法として，周波数分析がある．**図10.5**に，与えられた波形とそれを周波数分析することによって得られた周波数スペクトルを示す．周波数スペクトルとは，横軸に周波数をとり，各周波数成分の振幅を線の長さで表したものである．ある時間幅で得られた計測データがそれ以後も繰り返されると仮定し，全体として周期波形とみなす．得られた計測データをフーリエ級数に展開することで，波形

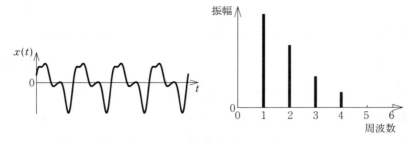

図 10.5 波形と周波数スペクトル

に含まれている振動数と振幅を知ることができる。周波数分析は回転機械のみならず，一般の機械に発生する振動や音の振動解析に広く用いられており，次節でさらに詳しく述べる。

図 10.6 に示すように，図 10.5 の周波数スペクトル図にロータの回転速度の軸を追加して 3 次元的に振幅を描いたものを**ウォータフォール線図**（waterfall plot）という。各回転速度に対する周波数スペクトルを回転軸方向に少しずつずらしながら描かれている。この図を用いれば，ある特定の振動数をもつ振動に注目し，その振幅が回転数に対してどのように変化するかが容易にわかる。

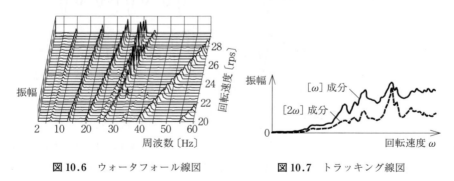

図 10.6 ウォータフォール線図　　**図 10.7** トラッキング線図

図 10.7 は，**トラッキング線図**（tracking diagram）を示す。トラッキングとは追いかけるという意味であり，ロータの回転速度の変化に追従して，回転速度を基本振動数として，その整数倍の振動数（回転次数）をもつ振動の振幅が回転速度に対してどのように変化するかがわかる。トラッキング線図は，図

10.6のウォータフォール線図におけるピークの包絡線を回転速度の方向に描いた曲線に対応する。

図10.8に**キャンベル線図**（Campbell diagram）を示す。横軸にロータの回転速度，縦軸に発生振動数をとり，回転速度を変えながらロータのふれまわり運動の振幅を測定し，回転速度 ω の1倍，2倍，…の振動数成分の各振幅を円の半径とし，その中心の座標を回転速度と発生振動数で表した円で表示する。この図から，ロータの共振状態，すなわち回転速度に対する振幅の大きさと発生振動数についての情報が得られる。

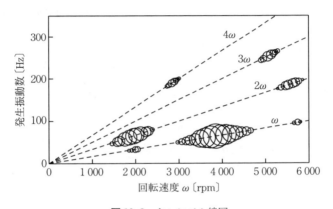

図10.8　キャンベル線図

10.2　FFTによる周波数分析

実際に振動データを計測して信号処理する際には，アナログ信号からデジタル信号に変換されて測定器などに取り込まれる。本節では，信号処理の準備として，まず連続時間波形に対する数学的理論を説明し，つぎに離散データに対する信号処理理論を説明する。特に，実際に周波数分析を行う際に，どのくらいの時間間隔でどのくらいの長さのデータを測定すべきかについての注意点を述べる。

10.2.1 フーリエ級数

時間に関して連続で，周期 T の実関数 $x(t)$ を考える．その関数に含まれる調和振動成分の周期のうちで最大の値を T_0 とすると，$f_0 = 1/T_0$ を基本周波数，$\omega_0 = 2\pi f_0$ を基本角振動数と呼ぶ．この実関数 $x(t)$ は

$$x(t) = \frac{a_0}{2} + \sum_{k=1}^{\infty} \left(a_k \cos k\omega_0 t + b_k \sin k\omega_0 t \right) \tag{10.5}$$

で表すことができ，これは**フーリエ級数**（Fourier series）と呼ばれる．式 (10.5) 中の実定数 a_k, b_k は**フーリエ係数**（Fourier coefficient）と呼ばれ，

$$a_k = \frac{2}{T_0} \int_{-T_0/2}^{T_0/2} x(t) \cos(k\omega_0 t) dt, \quad b_k = \frac{2}{T_0} \int_{-T_0/2}^{T_0/2} x(t) \sin(k\omega_0 t) dt \tag{10.6}$$

で与えられる．$x(t)$ が偶関数の場合には $b_k = 0$ となり，$x(t)$ が奇関数の場合には $a_k = 0$ となる．ここで，オイラーの公式 $e^{j\theta} = \cos\theta + j\sin\theta$ を用いると

$$\cos k\omega_0 t = \frac{e^{jk\omega_0 t} + e^{-jk\omega_0 t}}{2}, \quad \sin k\omega_0 t = \frac{e^{jk\omega_0 t} - e^{-jk\omega_0 t}}{2} \tag{10.7}$$

であるので，これらを式 (10.5) に代入すると

$$x(t) = \frac{a_0}{2} + \sum_{k=1}^{\infty} \left(\frac{a_k - jb_k}{2} e^{jk\omega_0 t} + \frac{a_k + jb_k}{2} e^{-jk\omega_0 t} \right) \tag{10.8}$$

となる．ここで

$$C_0 = \frac{a_0}{2}, \quad C_k = \frac{a_k - jb_k}{2}, \quad C_{-k} = \frac{a_k + jb_k}{2} \tag{10.9}$$

とおくと，$x(t)$ のフーリエ級数はつぎのように書くことができる．

$$x(t) = \sum_{k=-\infty}^{\infty} C_k e^{jk\omega_0 t} \tag{10.10}$$

これは $x(t)$ の**複素フーリエ級数**（complex form of Fourier series）と呼ばれる．式 (10.10) は実質的に式 (10.5) と同じであり，単に複素数を用いて指数関数で表現したにすぎない．式 (10.5) 中に含まれる余弦関数と正弦関数の項を一つにまとめた複素指数関数を用いるほうが表現が簡単であり，また計算も容易である．この場合の係数 C_k は

$$C_k = \frac{a_k - jb_k}{2} = \frac{1}{T_0}\int_{-T_0/2}^{T_0/2} x(t)\{\cos(k\omega_0 t) - j\sin(k\omega_0 t)\}dt \tag{10.11}$$

$$= \frac{1}{T_0}\int_{-T_0/2}^{T_0/2} x(t) e^{-jk\omega_0 t} dt \quad (k = 0, \pm 1, \pm 2, \cdots)$$

である。C_k は**複素フーリエ係数**，または周波数 kf_0（$= k\omega_0/2\pi$）に対応する**周波数スペクトル**（frequency spectrum）と呼ばれる。前述のように $x(t)$ が偶関数のときには $b_k = 0$ となるので，式 (10.9) または式 (10.11) より，C_k は実数であるが，そうでないときには C_k は複素数になることに注意する。複素数の C_k と C_{-k} を極形式で表すと

$$C_k = |C_k| e^{j\phi_k}, \quad C_{-k} = |C_{-k}| e^{j\phi_{-k}} \tag{10.12}$$

となる。式 (10.9) から C_k と C_{-k} は共役複素数であることがわかるので

$$|C_k| = |C_{-k}| = \frac{\sqrt{a_k^2 + b_k^2}}{2}, \quad \phi_k = -\phi_{-k} = -\tan^{-1}(b_k/a_k) \tag{10.13}$$

の関係がある。したがって，式 (10.10) は

$$x(t) = \sum_{k=-\infty}^{\infty} |C_k| e^{j(k\omega_0 t + \phi_k)} \tag{10.14}$$

のように表すこともできる。$|C_k|$ は**振幅スペクトル**（amplitude spectrum），ϕ_k は**位相スペクトル**（phase spectrum）と呼ばれる。式 (10.9) の関係より

$$a_0 = 2C_0, \quad a_k = C_k + C_{-k}, \quad b_k = j(C_k - C_{-k}) \quad (k=1, 2, \cdots) \tag{10.15}$$

が得られるので，式 (10.11) で計算した C_k を式 (10.15) に代入すれば，フーリエ係数 a_k, b_k を計算することができる。なお，C_k と C_{-k} が共役複素数なので，式 (10.10) で k と $-k$ に対応した項の和をとれば虚部が消去される。したがって，式 (10.10) の右辺は実数となり，$x(t)$ が実関数であることと矛盾しないことがわかる。

例題 10.1 図 10.9 の波形に対応するつぎの関数 $x(t)$ を複素フーリエ級数で表し，周波数スペクトルの実部と虚部，振幅スペクトル，位相スペクトルを描け。

$$x(t) = 1 + 4\cos\omega_0 t + 2\sin 2\omega_0 t \tag{1}$$

図 10.9 式 (1) の波形

【解答】 オイラーの公式を用いて式 (1) を変形すると

$$x(t) = 1 + 4\frac{e^{j\omega_0 t} + e^{-j\omega_0 t}}{2} + 2\frac{e^{j2\omega_0 t} - e^{-j2\omega_0 t}}{2j} \tag{2}$$

$$= 1 + 2e^{j\omega_0 t} + 2e^{-j\omega_0 t} - je^{j2\omega_0 t} + je^{-j2\omega_0 t}$$

ゆえに，次式を得る。

$$C_0 = 1, \quad C_1 = C_{-1} = 2, \quad C_2 = -j, \quad C_{-2} = j \tag{3}$$

式 (1) において，偶関数である $1 + 4\cos\omega_0 t$，および奇関数 $2\sin 2\omega_0 t$ に対応する複素フーリエ係数は，それぞれ実数および複素数となっていることがわかる。これらの複素フーリエ係数を式 (10.10) の右辺に代入すると

$$\sum_{k=-\infty}^{\infty} C_k e^{jk\omega_0 t} = C_0 + C_1 e^{j\omega_0 t} + C_{-1} e^{-j\omega_0 t} + C_2 e^{j2\omega_0 t} + C_{-2} e^{-j2\omega_0 t}$$

$$= 1 + 2(\cos\omega_0 t + j\sin\omega_0 t) + 2\{\cos(-\omega_0 t) + j\sin(-\omega_0 t)\}$$

$$\quad - j(\cos 2\omega_0 t + j\sin 2\omega_0 t) + j\{\cos(-2\omega_0 t) + j\sin(-2\omega_0 t)\}$$

$$= 1 + 4\cos\omega_0 t + 2\sin 2\omega_0 t \tag{4}$$

となり，元の関数 $x(t)$ に一致することがわかる。式 (4) の C_k と C_{-k} は共役複素数であるので，式 (4) の虚部は零となる。式 (3) を振幅と位相に変形すると，次式となる。

$$|C_0| = 1, \quad |C_1| = |C_{-1}| = 2, \quad \phi_1 = \phi_{-1} = 0,$$

$$|C_2| = |C_{-2}| = 1, \quad \phi_2 = -\frac{\pi}{2}, \quad \phi_{-2} = \frac{\pi}{2} \tag{5}$$

図 10.10 (a), (b) に，それぞれ $x(t)$ の周波数スペクトルの実部と虚部を示す。横軸には k がとられ，k の値に対応した角振動数 $k\omega_0$ または周波数 kf_0（$= k\omega_0/(2\pi)$）において，各スペクトル値が現れていることがわかる。実部は偶関数，虚部は奇関数に対応する周波数スペクトルを表し，実部は $k=0$ に関して左右対称となり，虚部は

10.2 FFT による周波数分析   195

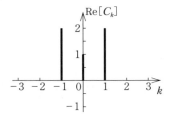
（a）周波数スペクトルの実部

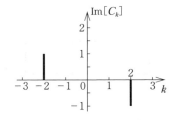
（b）周波数スペクトルの虚部

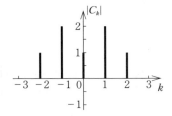
（c）振幅スペクトル

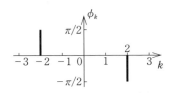
（d）位相スペクトル

図 10.10 波形と周波数スペクトル

原点に関して点対称となる．図（c），（d）は，それぞれ振幅スペクトル $|C_k|$，位相スペクトル ϕ_k を表す．ただし，角振動数 $\omega_1 = \omega_0$，$\omega_2 = 2\omega_0$ に対する振幅スペクトル $|C_1| = 2$，$|C_2| = 1$ は，式（10.13）の定義より，各振動成分の実際の振幅 a_1（$=4$），b_2（$=2$）の半分であることに注意する．なお，C_k の値は一般に複素数となり，振幅スペクトルと位相スペクトルで表示するが，C_k の値が実数であっても，振幅スペクトルと位相スペクトルで表示する場合が多い． ◇

例題 10.2 図 10.11 に示すような周期 T_0 の矩形波 $x(t)$ を複素フーリエ級数で表し，周波数スペクトル，振幅スペクトル，位相スペクトルを描け．ただし，$A = 8$，$T_0 = 1$ 秒，$\tau = 0.4$ 秒とする．

$$x(t) = \begin{cases} A & \left(-\dfrac{\tau}{2} < t < \dfrac{\tau}{2}\right) \\ 0 & \left(-\dfrac{T_0}{2} < t < -\dfrac{\tau}{2},\ \dfrac{\tau}{2} < t < \dfrac{T_0}{2}\right) \end{cases} \tag{1}$$

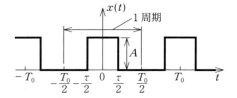

図 10.11 周期 T_0 の矩形波

【解答】 式 (10.11) を用いると

$$C_k = \frac{1}{T_0}\int_{-\tau/2}^{\tau/2} Ae^{-jk\omega_0 t}dt = \frac{A}{T_0}\int_{-\tau/2}^{\tau/2}\{\cos(k\omega_0 t) - j\sin(k\omega_0 t)\}dt$$

$$= \frac{A}{T_0}\left[\frac{\sin(k\omega_0 t)}{k\omega_0} + j\frac{\cos(k\omega_0 t)}{k\omega_0}\right]_{-\tau/2}^{\tau/2}$$

$$= \frac{A}{T_0}\left[\frac{\sin(k\omega_0\tau/2)}{k\omega_0} - \frac{\sin(-k\omega_0\tau/2)}{k\omega_0} + j\frac{\cos(k\omega_0\tau/2)}{k\omega_0} - j\frac{\cos(-k\omega_0\tau/2)}{k\omega_0}\right]$$

$$= \frac{A}{T_0}\left[\frac{\sin(k\omega_0\tau/2)}{k\omega_0} + \frac{\sin(k\omega_0\tau/2)}{k\omega_0} + j\frac{\cos(k\omega_0\tau/2)}{k\omega_0} - j\frac{\cos(k\omega_0\tau/2)}{k\omega_0}\right]$$

$$= \frac{2A}{k\omega_0 T_0}\sin(k\omega_0\tau/2) \quad (k = 0, \pm 1, \pm 2, \cdots) \tag{2}$$

式 (2) の C_k は実数である。なぜなら，式 (10.11) からわかるように，**図 10.12**(a) の波形は $t=0$ に関して左右対称の偶関数であり，フーリエ係数 b_k は零となり，C_k の虚部が零となるからである。式 (2) を式 (10.10) に代入すると，次式を得る。

$$x(t) = \sum_{k=-\infty}^{\infty} \frac{2A}{k\omega_0 T_0}\sin\left(\frac{k\omega_0\tau}{2}\right)e^{jk\omega_0 t} \tag{3}$$

図 10.12 (a)，(b)，(c)，(d) に，$A=8$，$T_0=1$ 秒，$t=0.4$ 秒，$\omega_0=2\pi/T_0=2\pi$ [rad/s]，$f_0=1/T_0=1$ [Hz] とした場合の矩形波，周波数スペクトル，振幅スペクトル，位相スペクトルを示す。この場合の周波数スペクトル C_k は実数であるので，例題 10.1 の場合と異なり，図 (b) では，その縦軸に周波数スペクトル C_k を図示することができる。横軸の k の値に対応した周波数 kf_0 において，各スペクトル値が現れることがわかる。C_0 は，$C_0 = (\tau/T_0)A = 3.2$ である。図中の破線は，式 (2) の k を実数と仮定した場合の連続関数 $2A/(k\omega_0 T_0)\cdot\sin(k\omega_0\tau/2)$ を表す。すなわち，この破線は，周波数スペクトルを連続的につないだ曲線を表している。　　　　　　　　　　　　　　◇

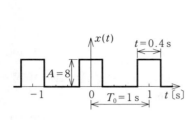
（a）矩 形 波

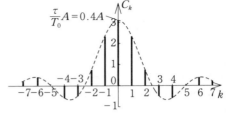
（b）周波数スペクトル

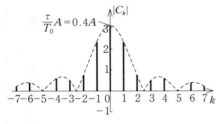
（c）振幅スペクトル

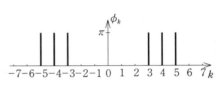
（d）位相スペクトル

図 **10.12** 矩形波の複素フーリエ級数

> **ノート**
>
> **フーリエ変換**
>
> ここまでは元の信号波形が周期関数である場合を扱い，その周波数スペクトルは式 (10.11) で定義されることを述べた．ここでは，周期を無限大にした場合に対応する周波数スペクトルがどのようになるかを考えてみよう．例えば，図 10.11 に示した矩形波の周期 T_0 だけを大きくし，最終的に $T_0 \to \infty$ とした場合の波形は，**図 10.13** に示すように，周期をもたない孤立波となる．
>
> 式 (10.11) を式 (10.10) に代入し，$T_0 = 2\pi/\omega_0$ の関係を用いると
>
>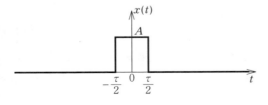
> 図 **10.13** 孤 立 波

$$x(t) = \sum_{k=-\infty}^{\infty} \left[\frac{1}{T_0} \int_{-T_0/2}^{T_0/2} x(s) e^{-jk\omega_0 s} ds \right] e^{jk\omega_0 t}$$

$$= \sum_{k=-\infty}^{\infty} \left[\frac{1}{2\pi} \int_{-T_0/2}^{T_0/2} x(s) e^{-jk\omega_0 s} ds \right] e^{jk\omega_0 t} \omega_0 \tag{10.16}$$

となる。ここで，T_0 の値が大きいことを考慮して，$\omega_0 (=2\pi/T_0) = \Delta\omega$ の記号を用い，さらに $k\omega_0 = \omega_k$ の記号で表すと，式(10.16)は

$$x(t) = \sum_{k=-\infty}^{\infty} \left[\frac{1}{2\pi} e^{j\omega_k t} \int_{-T_0/2}^{T_0/2} x(s) e^{-j\omega_k s} ds \right] \Delta\omega \tag{10.17}$$

となる。いま，次式

$$X(\omega) = \frac{1}{2\pi} e^{j\omega t} \int_{-T_0/2}^{T_0/2} x(s) e^{-j\omega s} ds \tag{10.18}$$

のように定義すれば，式(10.17)は

$$x(t) = \sum_{k=-\infty}^{\infty} X(\omega_k) \Delta\omega \tag{10.19}$$

となる。$T_0 \to \infty$ のとき，$\Delta\omega \to 0$ となるので，式(10.19)の和の極限は積分で表すことができ，次式を得る。

$$x(t) = \int_{-\infty}^{\infty} \left[\frac{1}{2\pi} e^{j\omega t} \int_{-\infty}^{\infty} x(s) e^{-j\omega s} ds \right] d\omega = \int_{-\infty}^{\infty} \left[\frac{1}{2\pi} \int_{-\infty}^{\infty} x(s) e^{-j\omega s} ds \right] e^{j\omega t} d\omega \tag{10.20}$$

式(10.20)を二つの式に書き換えると

$$X(\omega) = \frac{1}{2\pi} \int_{-\infty}^{\infty} x(t) e^{-j\omega t} dt \tag{10.21}$$

$$x(t) = \int_{-\infty}^{\infty} X(\omega) e^{j\omega t} d\omega \tag{10.22}$$

のような変換対が得られる。式(10.21)は**フーリエ変換**（Fourier transform）と呼ばれ，式(10.22)は**逆フーリエ変換**（inverse Fourier transform）あるいは**フーリエ逆変換**と呼ばれる。式(10.21)，(10.22)は，周波数 f を用いて表現することができる。$\omega = 2\pi f$ の関係より，周波数 f を用いて式(10.20)を表現すると

$$x(t) = \int_{-\infty}^{\infty} \left[\frac{1}{2\pi} \int_{-\infty}^{\infty} x(s) e^{-j2\pi f s} ds \right] e^{j2\pi f t} d(2\pi f)$$

$$= \int_{-\infty}^{\infty} \left[\int_{-\infty}^{\infty} x(s) e^{-j2\pi f s} ds \right] e^{j2\pi f t} df \tag{10.23}$$

となる。したがって，式(10.23)を二つの式に書き換えると，次式を得る。

$$X(f) = \int_{-\infty}^{\infty} x(t) e^{-j2\pi f t} dt \tag{10.24}$$

$$x(t) = \int_{-\infty}^{\infty} X(f) e^{j2\pi f t} df \tag{10.25}$$

図10.13に示した孤立波$x(t)$のフーリエ変換$X(\omega)$は，式(10.21)より

$$X(\omega) = \frac{1}{2\pi}\int_{-\tau/2}^{\tau/2} Ae^{-j\omega t}dt$$

$$= \frac{A}{2\pi}\int_{-\tau/2}^{\tau/2}(\cos\omega t - j\sin\omega t)dt = \frac{A}{\pi\omega}\sin(\omega\tau/2) \quad (10.26)$$

となる。**図10.14**に，$X(\omega)$のグラフを示す。

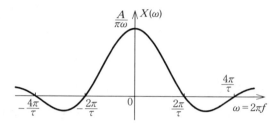

図10.14 孤立波のフーリエ変換

この$X(\omega)$は，$\omega = 2\pi f$に対して周波数スペクトルが連続的に分布した形状となる。このことから，$X(\omega)$は連続スペクトルと呼ばれる。式(10.22)より$X(\omega)$を用いて逆フーリエ変換を行い，$x(t)$を求めると

$$x(t) = \int_{-\infty}^{\infty}\frac{A}{\pi\omega}\sin(\omega\tau/2)e^{j\omega t}d\omega = \frac{A}{\pi}\int_{-\infty}^{\infty}\frac{\sin(\omega\tau/2)}{\omega}(\cos\omega t + j\sin\omega t)d\omega$$

$$= \frac{A}{\pi}\int_{-\infty}^{\infty}\frac{\cos\omega t\sin(\omega\tau/2)}{\omega}d\omega$$

$$= \frac{A}{2\pi}\int_{-\infty}^{\infty}\frac{\sin\omega t\sin(t+\tau/2)}{\omega}d\omega - \frac{A}{2\pi}\int_{-\infty}^{\infty}\frac{\sin\omega(t-\tau/2)}{\omega}d\omega$$

$$= \frac{A}{2}\frac{t+\tau/2}{|t+\tau/2|} - \frac{A}{2}\frac{t-\tau/2}{|t-\tau/2|} \quad (10.27)$$

となり，元の孤立波と一致することがわかる。

10.2.2 離散フーリエ級数

式(10.6)，(10.11)を用いてフーリエ係数を求める際の前提は，元のデータ$x(t)$が時間に関して連続関数であることであった。しかし，実際の計測では，一定の時間間隔でアナログ波形（連続データ）の瞬時値を離散的に取り込むこ

とになる．これを**標本化**または**サンプリング**（sampling）という．このような離散データを用いて周波数分析を行う場合には，これまでと同じ式を用いることはできない．

本節では，観測された有限個の離散データを使って周波数分析を行う方法を説明する．いま，一定の時間間隔 Δt でサンプリングされた N 個のデータ列 $\{x_0, x_1, x_2, \cdots, x_{N-1}\}$ を考える．したがって，$T_0 = N\Delta t$ がこの離散データの周期となることに注意する．式(10.10)において，$\omega_0 \Rightarrow 2\pi/T_0 = 2\pi/(N\Delta t)$，$t \Rightarrow i\Delta t$，$k = -\infty \sim \infty \Rightarrow k = 0 \sim N-1$ の置換えを行うと

$$x_i = \sum_{k=0}^{N-1} C_k \exp\left(j2\pi \frac{ki}{N}\right) \quad (i=0, 1, 2, \cdots, N-1) \tag{10.28}$$

となる．これはデータ列 $\{x_0, x_1, x_2, \cdots, x_{N-1}\}$ の**離散フーリエ級数**（discrete Fourier series，**DFS**）と呼ばれる．この場合の複素フーリエ係数 C_k は

$$C_k = \frac{1}{N}\sum_{i=0}^{N-1} x_i \exp\left(-j2\pi \frac{ki}{N}\right) \quad (k=0, 1, 2, \cdots, N-1) \tag{10.29}$$

で与えられ，周波数 kf_0（$=k\omega_0/(2\pi)$），すなわち周波数 $k/(N\Delta t) = k/T_0$ における周波数スペクトルを表す．すなわち，周波数スペクトル C_k は周波数 $1/T_0$ の間隔で離散的に得られる．

さて，複素フーリエ係数 C_k がどのような性質をもっているかを，**図10.15**(a)の波形から1周期についてサンプリングされた8個のデータを使い，得られた図(b)〜(e)に示す周波数スペクトルを例にとって説明しよう．式(10.29)の C_k を，k の定義範囲を拡張して考えると

$$C_{k+N} = C_k \quad (k=0, 1, 2, \cdots, N-1) \tag{10.30}$$

が成立し，C_k の周期は N であることがわかる．図(b)〜(e)では，周期は $N=8$ である．さらに，式(10.30)の k を $-k$ に置き換えると

$$C_{N-k} = C_{-k} \quad (k=0, 1, 2, \cdots, N-1) \tag{10.31}$$

が成立する．式(10.31)より，負の次数の周波数スペクトル C_{-k} は，周波数スペクトル C_k（$k=N/2$ から $k=N-1$ まで）に現れることがわかる．例えば，式(10.31)より $C_{-1} = C_{N-1}$ であり，図(b)では C_{-1} は C_7 に現れる．一方，離

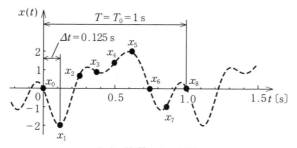

(a) 離散データ列

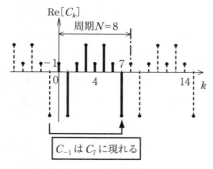

(b) 複素フーリエ係数の実部

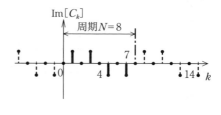

(c) 複素フーリエ係数の虚部

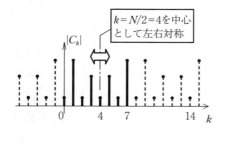

(d) 振幅スペクトル

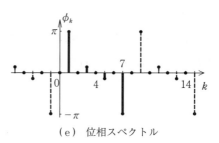

(e) 位相スペクトル

図 10.15 離散データとその周波数スペクトル

散データ x_i が実数値であれば,式(10.30)より C_k と C_{-k} は共役複素数であることがわかる。すなわち

$$C_{-k} = \bar{C}_k \quad (k = 0, 1, 2, \cdots, N-1) \tag{10.32}$$

式(10.31), (10.32)より

$$C_{N-k} = \bar{C}_k \quad (k=0, 1, 2, \cdots, N-1) \tag{10.33}$$

となる。すなわち

$$\mathrm{Re}[C_{N-k}] = \mathrm{Re}[C_k], \quad \mathrm{Im}[C_{N-k}] = -\mathrm{Im}[C_k],$$

$$[C_{N-k}] = [C_k] \quad (k=0, 1, 2, \cdots, N-1) \tag{10.34}$$

の関係が得られる。

式(10.34)より,周波数スペクトルの実部,および振幅スペクトル$|C_k|$は$k=N/2$を中心として左右対称に現れることがわかる。この様子は,図(b)で見られる。式(10.11)と同様に,離散データx_iが実数値であるという制約はないが,x_iが複素数である場合にはC_kとC_{-k}は共役複素数とはならないことに注意する。一般にNの値は偶数である場合が多いが,奇数である場合にも式(10.30),(10.31)などは成立する。ただし,その場合には,kのとり得る値に注意が必要であり,詳細については他書を参考にしてほしい。

フーリエ変換に対応して,離散的にサンプリングされたN個のデータ列$\{x_0, x_1, x_2, \cdots, x_{N-1}\}$からなる孤立波の**離散フーリエ変換**(discrete Fourier transform,**DFT**)は,式(10.29)と同じ表現で与えられる。ただし,$k=0, 1, 2, \cdots, N-1$以外のkに対するC_kは,式(10.29)のDFSでは同じ値が周期的に繰り返されていることが前提だが,離散フーリエ変換DFTでは$C_k=0$であることに注意が必要である。**逆離散フーリエ変換**(inverse discrete Fourier transform,**IDFT**)は式(10.28)と同じ表現で与えられるが,$i=0, 1, 2, \cdots, N-1$以外のiに対する離散データx_iは$x_i=0$である。式(10.29)を使ってN個のC_kを計算するには,特定のkに対するC_kにはN個の積の項が含まれているので,N^2回の乗算を行わなければならない。$N=1\,024$のデータ列の場合には,この乗算回数は$1\,048\,576$回となり,多くの計算時間がかかる。1965年にCooleyとTukeyによって,この膨大な計算時間を飛躍的に短縮できる方法が発表された。この方法は**高速フーリエ変換**(fast Fourier transform,**FFT**)として知られ,リアルタイムでフーリエ変換の計算が可能になり,汎用の周波数分析装置

がFFTアナライザの名称で広い分野で使用されている．FFTでは，式(10.29)中の複素数 $\exp(-j2\pi ki/N)$ の周期性と対称性が利用されており，Nが2のべき数であれば乗算回数は $(N/2)\log_2 N$ となり，**図10.16**に示すように，大幅に計算時間が短縮されることがわかる．

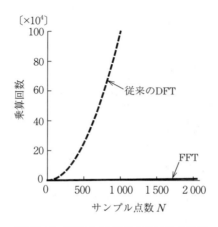

図10.16 FFTとDFTの乗算回数の比較

現場での周波数分析ではFFTアナライザが使用されるが，これまでに述べたことを十分理解した上で，出力された結果を見るべきである．すなわち，$[-\infty, \infty]$ の時間区間を観察することは不可能なので，実際には $[0, T]$ の有限時間範囲で計測された N 個の離散データを周期 T の周期列とみなし，式(10.29)により離散フーリエ変換を求めることになる．

例題 10.3 　**図10.17**(a)，(b)に示すような周期 $T_0 = 1$ 秒の余弦波 $x(t)$ から測定区間 $T (= T_0)$ の間でサンプリングした．離散データの個数 N が

(1) 　$N = 4$

(2) 　$N = 8$

の場合に得られた離散データ列をそれぞれA，Bとして，各データ列を離散フーリエ級数で表し，周波数スペクトルを計算せよ．

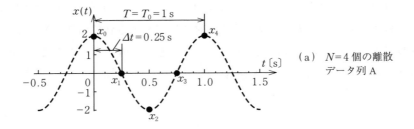

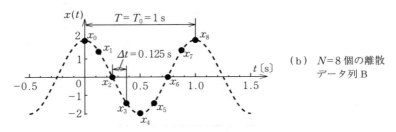

図 10.17 余弦波のサンプリングデータ

【解答】 まず，式 (10.29) を問 (1), (2) で使用しやすい形式にするため

$$Z_N = \exp\left(-j\frac{2\pi}{N}\right) \tag{1}$$

とおくと，式 (10.29) は

$$C_k = \frac{1}{N}\sum_{i=0}^{N-1} x_i Z_N^{ki} \quad (k=0, 1, 2, \cdots, N-1) \tag{2}$$

となる。式 (2) を用いると，離散データ列 $\{x_i\}$ ($i=0, 1, 2, \cdots, N-1$) は

$$x_i = \frac{1}{N}\sum_{k=0}^{N-1} C_k Z_N^{-ki} \quad (i=0, 1, 2, \cdots, N-1) \tag{3}$$

で表される。

(1) 図 10.17 (a) では，離散データ列 A は $\{x_0, x_1, x_2, x_3\} = \{2, 0, -2, 0\}$ である。また，式 (1) より，$Z_4 = \exp(-j2\pi/4) = -j$ である。ゆえに，式 (2) より

$$C_0 = \frac{1}{4}\sum_{i=0}^{3} x_i(-j)^{i\times 0} = \frac{1}{4}(2+0-2+0) = 0,$$

$$C_1 = \frac{1}{4}\sum_{i=0}^{3} x_i(-j)^{i\times 1} = 1, \quad C_2 = 0, \quad C_3 = 1 \tag{4}$$

となる。**図 10.18** (a) に，データ列 A の周波数スペクトルを示す。実線は，式 (4) で得られた値を表す。離散データの数が $N=4$ の場合，周波数スペクトルの個数も $N=$

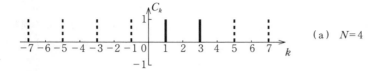
(a) $N=4$

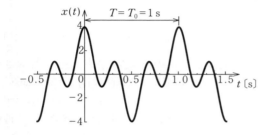
(b) $k=0, 1, 2, 3$ に対応する角振動数を含んだ連続時間波形

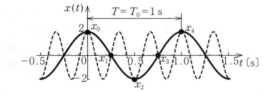
(c) 角振動数 ω_0 の波形（実線）と $3\omega_0$ の波形（破線）

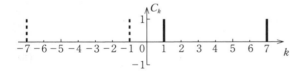
(d) $N=8$

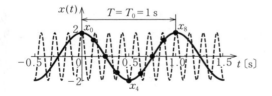
(e) 角振動数 ω_0 の波形（実線）と $7\omega_0$ の波形（破線）

図 **10.18** 周波数スペクトルと近似波形

4であるが，式(10.30), (10.31)で考えたように k の定義範囲を拡張すると，破線で示すスペクトルが得られる．この離散データ列Aは時間に対して偶関数であるので，図10.18(a)の周波数スペクトル C_k は，振幅スペクトル $|C_k|$ と同じとなる．式(10.34)で示されたように，周波数スペクトル C_k は $k=N/2=2$ を中心として左右対

称に現れている。

つぎに，式(4)で得られた周波数スペクトル C_k（$k=0, 1, 2, 3$）の値から元の連続時間波形 $x(t)$ を三角関数で近似し，その波形がどのようになるかを調べてみよう。その近似波形は，式(10.8)，(10.9)より，次式となる。

$$x(t) = C_0 + \sum_{k=1}^{3}\left(C_k e^{jk\omega_0 t} + C_{-k} e^{-jk\omega_0 t}\right)$$

$$= \frac{a_0}{2} + \sum_{k=1}^{3}\left(a_k \cos k\omega_0 t + b_k \sin k\omega_0 t\right) = 2\cos\omega_0 t + 2\cos 3\omega_0 t \tag{5}$$

ここに，$a_1=2$，$a_3=2$，およびそれ以外の a_k と b_k の値は零であり，式(5)で表される波形は図10.18(b)に示すようになる。この波形には角振動数 ω_0（$=2\pi$〔rad/s〕）と $3\omega_0$（$=6\pi$〔rad/s〕）が含まれているので，元の波形とは異なっている。したがって，サンプリングされた離散データから元の波形を忠実に連続時間波形として再現するためには，元の波形には含まれていないはずの角振動数 $3\omega_0$ 成分を取り除き，$k=N/2=2$ までの周波数スペクトルだけを採用しなければならないことがわかる。角振動数 $3\omega_0$ 成分を取り除けば，図10.18(c)の実線で示すように，角振動数 ω_0 成分だけの波形となる。破線は取り除かれた角振動数 $3\omega_0$ 成分を表す。なお，角振動数 $3\omega_0$ 成分の波形をサンプリングした場合も●印で示したようにデータ列Aと同じ離散データが得られるので，偽りの角振動数成分が取り込まれる結果となる。

一方，式(4)を式(3)に代入すれば

$$x_0 = \sum_{k=0}^{3} C_k (-j)^{-k \times 0} = 0 + 1 + 0 + 1 = 2,$$

$$x_1 = \sum_{k=0}^{3} C_k (-j)^{-k \times 1} = 0, \qquad x_2 = -2, \qquad x_3 = 0 \tag{6}$$

となり，元のデータ列Aの値が得られることが確かめられる。

(2) つぎに，図10.17(b)に示すデータ列Bでは，$x_0=2$，$x_1=\sqrt{2}$，$x_2=0$，$x_3=-\sqrt{2}$，$x_4=-2$，$x_5=-\sqrt{2}$，$x_6=0$，$x_7=\sqrt{2}$ である。また，式(1)より，$Z_8 = \exp(-j \cdot 2\pi/8) = (1-j)/\sqrt{2}$ である。ゆえに，式(2)より

$$C_0 = \frac{1}{8}\sum_{i=0}^{7} x_i \left(\frac{1-j}{\sqrt{2}}\right)^{i \times 0} = 0, \qquad C_1 = \frac{1}{8}\sum_{i=0}^{7} x_i \left(\frac{1-j}{\sqrt{2}}\right)^{i \times 1} = 1,$$

$$C_2 = C_3 = C_4 = C_5 = C_6 = 0, \qquad C_7 = 1 \tag{7}$$

となる。図10.18(d)の実線は，式(7)で得られた周波数スペクトルを示す。この結果より，角振動数 ω_0（$=2\pi$〔rad/s〕）と $7\omega_0$（$=14\pi$〔rad/s〕）の周波数スペクトルが現れていることがわかる。問(1)の場合と同様に，得られた周波数スペクトル C_k（$k=0, 1, 2, \cdots, 7$）の値から元の連続時間波形 $x(t)$ を三角関数で近似し，その波形を振動数成分ごとに分離すると，図10.18(e)に示すように，その波形には角振動数 ω_0

と $7\omega_0$ が含まれる．図 10.17 (a) の場合に取り込まれた角振動数 $3\omega_0$ の代わりに $7\omega_0$ の振動成分が取り込まれており，サンプリングデータ数を増やすに伴って，取り込まれる偽りの角振動数の値が大きくなることがわかる．サンプリングされた離散データから元の波形を忠実に連続時間波形として再現するためには，$k = N/2 = 4$ までの周波数スペクトルだけを採用すればよい．なお，式 (7) を式 (3) に代入すれば，元の離散データ列の値が得られることが確かめられる．　　　　　　　　　　　　◇

10.2.3　FFT 分析を行う際の注意点

実際に振動データをデジタル測定器などで測定する場合，アナログ信号からデジタル信号に変換されるが，一定の時間間隔で波形の瞬時値を離散的に取り込むことになる．この一定の時間間隔を**サンプリング周期**（sampling period），その逆数を**サンプリング周波数**（sampling frequency, sampling rate）という．どのくらいの間隔でサンプリングすべきかを知る基準として，**サンプリング定理**（sampling theorem）がある．その定理によれば，アナログ信号を時間間隔 Δt，すなわちサンプリング周波数 f_s ($\equiv 1/\Delta t$) でサンプリングするとき，アナログ信号に含まれている情報のうち $2f_c$ 以下の周波数がデジタル信号の中に保たれる．これが満たされるような Δt を式で書けば

$$\frac{1}{\Delta t} \geqq 2f_c \tag{10.35}$$

となる．式 (10.35) を書き換えれば

$$\frac{1}{2f_c} \geqq \Delta t \tag{10.36}$$

となる．したがって，アナログ信号に含まれる周波数 f_c 以下の周波数情報をデジタル信号に保持するには，$1/(2f_c)$ より小さいサンプリング周期 Δt でサンプリングする必要がある．言い換えれば，周波数 f_c の 1 周期の間に少なくとも 2 個の離散データをサンプリングする必要がある．式 (10.36) 中の $2f_c$ は**ナイキスト周波数**（Nyquist frequency）と呼ばれる．例として，**図 10.19** に示すように，周波数が $f = 7$ Hz の正弦的なアナログ波形を取り上げる．サンプリング定理によれば，周波数情報を保つには，この波形に対するナイキスト周波数

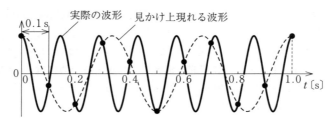

図 10.19 サンプリング周期による波形のひずみ（エイリアシング）

は $2f=14\,\mathrm{Hz}$ なので，14 Hz よりも高い周波数でサンプリングしなければならない．仮に，このナイキスト周波数より低いサンプリング周波数 $f_s=10\,\mathrm{Hz}$（サンプリング周期は 0.1 秒）でこの波形をサンプリングしてみよう．●印がサンプル値データである．そうすると，元の波形に含まれているはずのない破線の波形があたかも存在しているように見える．このように，元のアナログ信号中にサンプリング周波数の半分より高い周波数成分が含まれるとき，これをサンプリングしてつくった離散データ中には，偽りの周波数成分が含まれているように見える．このような現象は**エイリアシング**（aliasing）または**折り返し歪み**と呼ばれる．**図 10.20** は，図 10.19 の元の波形（7 Hz の周波数成分を含む）に対する FFT による周波数分析結果である．7 Hz の周波数スペクトルが，サンプリング周波数を 10 Hz とした場合のナイキスト周波数 5 Hz（$=f_s/2$，サンプリング周波数の半分）を中心として低周波側へ折り返した位置に 3 Hz のスペクトルが現れている．すなわち，この偽りの周波数は 3Hz であり，$\Delta f=f-f_s/2=7-5=2$ と表すと，$f_s/2-\Delta f=5-2=3$〔Hz〕から計算できる．

　FFT 分析を行う際にエイリアシングによる見かけの周波数成分を取り込ま

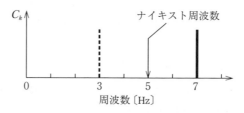

図 10.20 サンプリング周期による周波数のひずみ（エイリアシング）

ないためには,サンプリングを行う前にローパスフィルタによってナイキスト周波数よりも高い周波数成分を除去しておく必要がある。このようなローパスフィルタは**アンチエイリアシングフィルタ**と呼ばれる。

つぎに,測定時間の長さについての注意点について述べる。元の振動波形に含まれる振動数は不明であるため,その周期も測定前には不明である。したがって,適当な測定時間を事前に決めて測定することになる。例えば,**図10.21**(a)のような周波数f_0の余弦波を考えよう。この波形の真の振幅スペクトルは,図(b)に示すような1本の線スペクトルとなる。図(c)のように,時間区間T_1で波形の2周期分を測定する場合,この波形のFFT分析結果は図(d)となり,図(b)の結果と一致する。なぜなら,離散フーリエ変換の定義に従うと,測定範囲T_1の範囲外でも破線で示すように同じ2周期分の波形が無限に繰り返されていることが前提となり,図(d)を測定時間T_1の範囲外も同じ波形が繰り返されるという前提で合成した波形は,元の波形図(a)と同じであるからである。一方,図(e)のように,2周期半の波形を時間区間T_2で測定した場合のFFT分析結果は図(f)となり,周波数f_0のスペクトルが真の値よりも低くなり,その両側にスペクトルの裾野が広がって(サイドバンド)分布する。このようなスペクトルの歪みは**リーケージエラー**(leakage error,**漏れ誤差**)と呼ばれる。なぜなら,図(e)における実線の波形を測定範囲外にも繰り返されるとした破線の波形は,時刻$t=nT_2$($n=0,\pm 1,\pm 2,\cdots$)において不連続点をもち,元の波形(a)とは異なるためである。このようにつなぎ合わせた波形に生じる歪みを軽減する方法として,**窓関数**(window function)を測定波形に掛ける方法がある。図(g)の破線は窓関数の一種である**ハニング窓**(Hanning window)を表し

$$W(t) = \begin{cases} 0.5 + 0.5\cos(2\pi t/T - \pi) & (0 \leq t \leq T) \\ 0 & (t \leq 0,\ T \leq t) \end{cases} \tag{10.37}$$

で与えられる。その他にも多くの窓関数があり,それぞれの目的に合わせて使用される。式(10.37)の窓関数を計測波形(e)に掛けた波形は図(g)の実線と

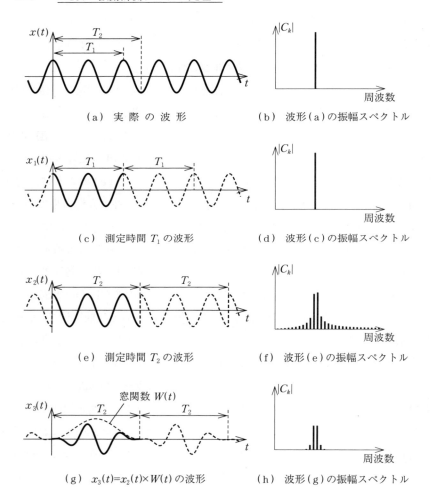

図 10.21　測定時間 T_1, T_2 による振幅スペクトルの変化（リーケージエラー）

なる。この波形（g）のFFT分析結果は図（h）となり，図（f）と比較してリーケージエラーが幾分緩和されているが，真の周波数スペクトル（b）と完全に一致していないことに注意すべきである。

10.3 波形データ処理の回転軸系への応用

10.3.1 周波数分析における実数データから複素数データへの拡張

これまでの説明では式(10.6)中の $x(t)$ は実関数であるとしたが,式(10.11)では $x(t)$ が必ずしも実関数であるという制約はない。2章で説明したように,回転軸のふれまわり現象が平面運動であることから,複素数 $w(t) = x(t) + jy(t)$ を用いて考えると便利である。そこで,式(10.10),(10.11)で用いた実数の連続時間波形 $x(t)$ の代わりに複素数の連続時間波形 $w(t)$ を用いると,その複素フーリエ級数は

$$w(t) = \sum_{k=-\infty}^{\infty} W_k e^{jk\omega_0 t} \tag{10.38}$$

で表され,複素フーリエ係数 W_k は次式で与えられる。

$$W_k = \frac{1}{T_0} \int_{-T_0/2}^{T_0/2} w(t) e^{-jk\omega_0 t} dt \quad (k = 0, \pm1, \pm2, \cdots) \tag{10.39}$$

$x(t)$ が実数である場合には,式(10.12)において C_k と C_{-k} は共役複素数となることを示したが,式(10.39)で定義される W_k と W_{-k} は共役複素数とはならないことが証明できる。式(10.38)により,複素平面上でふれまわり運動を考えることができ,$k > 0$ に対応する振動数成分は前向きふれまわり運動を表し,$k < 0$ に対応する振動数成分は後ろ向きふれまわり運動を表す。また,W_k は複素平面上では振幅 $|W_k|$ と偏角 α_k で表すことができ,$|W_k|$ はふれまわり振幅 R_k を表し,振幅スペクトルに対応する。さらに,α_k は位相スペクトルに対応する。

実際の信号処理では,ロータの直角2方向の変位 $x(t)$ と $y(t)$ からそれぞれ N 個ずつの離散データ x_i と y_i $(i = 0, 1, 2, \cdots, N-1)$ をサンプリングし,N 個の複素数の離散データ列 w_i $(= x_i + jy_i)$ を用いる。式(10.28)と同様に,w_i をつぎの離散フーリエ級数に展開する。

$$w_i = \sum_{k=0}^{N-1} W_k \exp\left(j2\pi \frac{ki}{N}\right) \quad (i = 0, 1, 2, \cdots, N-1) \tag{10.40}$$

ここに，係数 W_k は，式 (10.29) と同様に

$$W_k = \frac{1}{N} \sum_{i=0}^{N-1} w_i \exp\left(-j2\pi \frac{ki}{N}\right) \quad (k=0, 1, 2, \cdots, N-1) \tag{10.41}$$

となる．式 (10.41) では，計測データが実数の場合に満たされた式 (10.30)，(10.31) と同様に

$$W_{k+N} = W_k \quad (k=0, 1, 2, \cdots, N-1) \tag{10.42}$$

$$W_{N-k} = W_{-k} \quad (k=0, 1, 2, \cdots, N-1) \tag{10.43}$$

が成立する．式 (10.42) より，W_k の周期は N であることがわかる．特に注意すべきは，式 (10.43) の関係より，W_{N-k} ($k=1, 2, \cdots, N/2$) は W_{-k} ($k=1, 2, \cdots, N/2$) と等しく，後ろ向きふれまわり運動の周波数スペクトルを実質的に表すことがわかる．しかし，式 (10.33)，すなわち $C_{N-k} = \overline{C_k}$ に対応する関係は，W_{N-k} と W_k については満たされない．

例題 10.4 ロータの x 方向と y 方向の振動をセンサで測定し，**図 10.22** に示すように，測定時間 $T = 2\pi$ 秒の間に，16 個の離散値からなるデータ列 $\{x_i\}$, $\{y_i\}$ ($i=0, 2, \cdots, 15$) を得た．ただし，リーケージエラーを避けるため，これらのデータ列は 1 周期分に相当するように選んでいる．これらのデータ列を複素数に変換した離散データ列 $\{w_i\ (=x_i+jy_i)\}$ を用いて，振幅スペクトルと位相スペクトルを求めよ．また，その結果より，近似波形 $x(t)$ と $y(t)$ を求めよ．

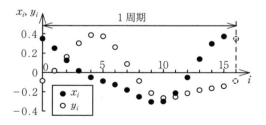

図 10.22 x 方向と y 方向の離散データ

【解答】 複素数に変換した離散データ列 $\{w_i\}$ を用いて，w_i の値を式(10.41)に代入し，W_k を絶対値で表すと，図 **10.23**(a)に示すように振幅スペクトルが得られる。この結果は，本章末ノートのプログラムを用いて計算することができる。図(a)の W_{N-k} ($k=1, 2, \cdots, 7$)，すなわち W_{15}, W_{14}, $\cdots$, W_9 は，式(10.43)より後ろ向きふれまわり運動の周波数スペクトル W_{-k} に等しいので，これらをそれぞれ W_{-1}, W_{-2}, $\cdots$, W_{-7} の位置へ移せば，図(b)となる。周波数スペクトル W_k から求められた絶対値と偏角は，物理的にはそれぞれロータのふれまわり半径 R_k と位相角 α_k を表し，それらをグラフに表すと，それぞれ図(c)，(d)となる。横軸の k の値は角振動数

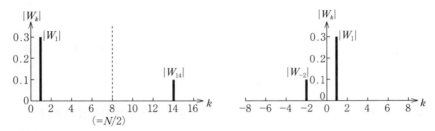

(a) 振幅スペクトル ($k=0, 1, \cdots, N-1$)　　(b) 振幅スペクト ($k=-N/2, \cdots, 0, \cdots, N/2$)

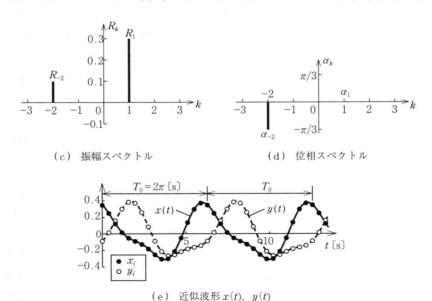

(c) 振幅スペクトル　　　　　　　　　　(d) 位相スペクトル

(e) 近似波形 $x(t)$, $y(t)$

図 **10.23** 複素数の離散データから求めた周波数スペクトルと近似波形

$k\omega_0 = 2\pi k/T = k$ 〔rad/s〕に対応する。図（c）の R_1（$=0.3$）は角振動数 $\omega = 1$ rad/s の前向きふれまわり運動の振幅，R_{-2}（$=0.1$）は角振動数 $\omega = -2$ rad/s の後ろ向きふれまわり運動の振幅を表し，図（d）の $\alpha_1 = 0$，$\alpha_{-2} = -\pi/3$ は位相角を表すことがわかる。これらの結果を用いて離散データを連続時間関数で近似すると，式(10.38)より

$$w(t) = W_1 e^{jt} + W_{-2} e^{-j2t} = R_1 e^{j(t+\alpha_1)} + R_{-2} e^{-j2t + j\alpha_{-2}}$$
$$= 0.3^{jt} + 0.1^{-j(2t+\pi/3)} \tag{1}$$

を得る。式(1)を実部と虚部に分けて表すと，次式となる。

$$\left.\begin{array}{l} x(t) = 0.3\cos t + 0.1\cos(-2t - \pi/3) \\ y(t) = 0.3\sin t + 0.1\sin(-2t - \pi/3) \end{array}\right\} \tag{2}$$

図10.23(e)に，$x(t)$ と $y(t)$ の近似波形を示す。離散データは近似波形の上に乗っていることがわかる。　　　　　　　　　　　　　　　　　　　　　　　◇

10.3.2　複素数データを用いたFFT分析による周波数成分の分離処理

　本節では，複素数データを用いたFFT分析による波形処理の応用例について述べる。例として，剛性差のある軸受台で支持されたジェフコットロータを考え，まず，この系における回転軸のふれまわり現象について理論的に調べてみよう。

　x 方向と y 方向の回転軸の剛性をそれぞれ $(1-\Delta)k_0$，$(1+\Delta)k_0$ すると，回転軸の中心 (x, y) についての運動方程式は

$$\left.\begin{array}{l} m\ddot{x} + c\dot{x} + (1-\Delta)k_0 x = me\omega^2 \cos\omega t \\ m\ddot{y} + c\dot{y} + (1+\Delta)k_0 y = me\omega^2 \sin\omega t \end{array}\right\} \tag{10.44}$$

で与えられる。x 方向と y 方向の強制振動の解を

$$\left.\begin{array}{l} x(t) = u_1 \cos\omega t - v_1 \sin\omega t \\ y(t) = u_2 \cos\omega t - v_2 \sin\omega t \end{array}\right\} \tag{10.45}$$

で仮定し，式(10.45)を式(10.44)に代入すれば，u_1, v_1, u_2, v_2 が求められる。その結果を用いて $\sqrt{u_1^2 + v_1^2}$ と $\sqrt{u_2^2 + v_2^2}$ を計算すれば，x 方向と y 方向のそれぞれの振幅を求めることができる。これらの振幅を縦軸にとり，横軸に回転

速度をとって図に表せば，**図10.24**(a)に示す周波数応答曲線が得られる。パラメータの値は，単位を無視して $m=1$, $k_0=1$, $\Delta=0.1$, $c=0.02$, $e=0.01$ とした。図(b)は，$\omega=\omega_0=0.98$ において式(10.44)を数値積分によって計算した定常振動波形を示す。図(c)はこの場合のリサージュ図形を示し，回転軸のふれまわり軌道は時計回りの楕円であることがわかる。2章の例題2.2において，楕円運動は前向きふれまわりと後ろ向きふれまわりからなる二つの円運動に分解されることを学んだ。ここでは，複素数の離散データを用いたFFT分析により，二つに分解された円運動の振幅と位相角を求めてみよう。

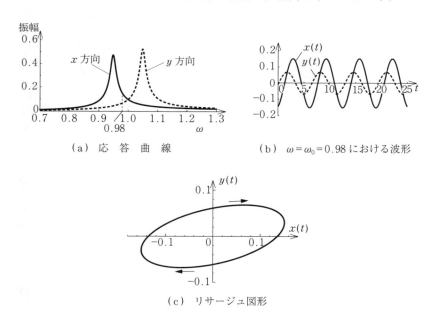

(a) 応 答 曲 線　　(b) $\omega=\omega_0=0.98$ における波形

(c) リサージュ図形

図10.24　剛性差をもつ軸受台で支持された回転軸の振動

図10.24(b)の $x(t)$ と $y(t)$ の波形からサンプリングし，取得した離散データを $w_i=x_i+jy_i$ に代入して複素数に変換し，例題10.4と同様な処理を行うと，**図10.25**(a),(b)に示すように，それぞれ周波数スペクトルの振幅スペクトル R_k と位相スペクトル α_k が得られる。横軸の k の値は，$\omega_0=0.98$ を基本角振動数とする角振動数 $k\omega_0$ に対応する。後述のノートに掲載のプログラムを用

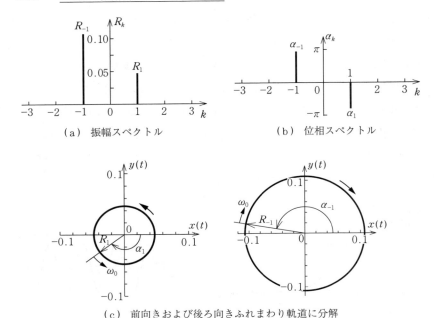

(a) 振幅スペクトル　　(b) 位相スペクトル

(c) 前向きおよび後ろ向きふれまわり軌道に分解

図 10.25 回転軸の振動の FFT 分析とふれまわり成分の分離

いた計算結果より，角振動数 $\omega_0=0.98$ の前向きふれまわり運動の振幅 $R_1=0.047\,4$，位相角 $\alpha_1=-2.51$ rad，および角振動数 $\omega_0=-0.98$ の後ろ向きふれまわり運動の振幅 $R_{-1}=0.107\,3$，位相角 $\alpha_{-1}=2.97$ rad が得られた。したがって，これら2種類のふれまわり軌道を式で表現すれば，次式となる。

$$\left.\begin{array}{l}x(t)=R_1\cos(\omega_0 t+\alpha_1)+R_{-1}\cos(-\omega_0 t+\alpha_{-1})\\ y(t)=R_1\sin(\omega_0 t+\alpha_1)+R_{-1}\sin(-\omega_0 t+\alpha_{-1})\end{array}\right\} \quad (10.46)$$

読者は，式 (10.46) より計算した波形とリサージュ図形は，図 10.24 (b), (c) と完全に一致することを確かめてみてほしい。以上より，図 10.25 (c) に示すように，楕円軌道は前向きふれまわり運動と後ろ向きふれまわり運動の二つの円軌道に分解することができる。

10.3 波形データ処理の回転軸系への応用   217

> **ノート**

複素数データを用いた FFT のフォートラン（FORTRAN）プログラム

複素数データを用いた高速フーリエ変換の計算機プログラムの多くは他書に公開されているが，ここでは文献（Smith, 1999）から引用した FORTRAN プログラムを示す。以下に，メインプログラムとサブルーチン副プログラムで使用された変数名を説明する。

X(I), Y(I) は，それぞれ時間 T_0 の間に計測された x, y 方向の I 番目の実数データを表す。N は離散データ数を表し，N=2**NP（2 の NP 乗）とする。W(I) は実部を X(I)，虚部を Y(I) とする複素数データを表す。W(#), A(#) の # には，N 以上の整数値を記入しておく。CALL FFTDSP(W,NP) により，W(I)（I=1～N）の値が入力され，サブルーチン FFTDSP(A,NP) が実行され，式 (10.41) の複素フーリエ係数 W_k が W(K) に出力される。式 (10.42), (10.43) の関係より，W(1), W(2), …, W(N/2) は前向きふれまわり振動の周波数スペクトルを表し，それぞれ W_0, W_1, …, $W_{N/2}$ に対応する。一方，W(N), W(N-1), …, W(N/2+1) は後ろ向きふれまわり振動の周波数スペクトルを表し，それぞれ W_{-1}, W_{-2}, …, $W_{-N/2}$ に対応することに注意する。なお，各周波数スペクトルに対応する周波数は，I=1 は周波数が 0 であり，それ以降の I=2～N/2 については $1/T_0$〔Hz〕ずつ増加する周波数となる。

```
      IMPLICIT REAL*8 (A-H,O-Z)
      COMPLEX*16 W(#)
      PARAMETER (NP=4, N=2**NP)
      DIMENSION X(N),Y(N)
      DO 10 I=1,N
      W(I) =CMPLX(X(I),Y(I))
   10 CONTINUE
C     ----- FFT ---------------------------
      CALL FFTDSP(W,NP)
C     -------------------------------------
      DO 20 I=1,N
C     --- Amplitude -----------------
      AMP=CDABS(W(I))/DFLOAT(NFFT)
C     --- Phase Angle ---------------
      PHASE= ATAN2(AIMAG(W(I)),REAL(W(I)))
```

10. 振動計測データの処理

```fortran
      WRITE(*,*)' I=', I
     1    ,' Amp=',SNGL(AMP),'  Phase=',SNGL(PHASE)
   20 CONTINUE
      STOP
      END


C**********************************************************
C     Complex Fast Fourier Analysis
C**********************************************************
      SUBROUTINE FFTDSP(A,NP)
      IMPLICIT REAL*8 (A-H,O-Z)
      COMPLEX*16 A(#),U,S,TMP
      PAI=4.D0*DATAN(1.D0)
      N=2**NP
C *** Butterfly *****
      DO 20 L=1,NP
       LE=2**(NP+1-L)
       LE2=LE/2
       U=CMPLX(1.D0, 0.D0)
       S=CMPLX(DCOS(PAI/DFLOAT(LE2)), -DSIN(PAI/DFLOAT(LE2)))
       DO 20 J=1,LE2
       DO 10 I=J,N,LE
        IP=I+LE2
        TMP=A(I)+A(IP)
        A(IP)=(A(I)-A(IP))*U
        A(I)=TMP
   10  CONTINUE
       U=U*S
   20 CONTINUE
C *** Bit Reversal *****
      ND2=N/2
      J=1
      DO 50 I=1,N-1
       IF(I.GE.J) GOTO 30
```

```
         TMP=A(J)
         A(J)=A(I)
         A(I)=TMP
   30 K=ND2
   40 IF(K.GE.J) GOTO 45
         J=J-K
         K=K/2
         GOTO 40
   45 J=J+K
   50 CONTINUE
C
      RETURN
      END
```

参 考 図 書

【1章,3章】
原島鮮 (1985)："力学",裳華房
石田幸男・井上剛志 (2008)："機械振動工学",培風館

【2章,4～9章】
Gasch, R. and Pfutzner (1975): "Rotordynamik − Eine Einfuhrung", Springer Verlag [日本語訳] (1978),"回転体の力学",森北出版
Ishida and Yamamoto (2012): "Linear and Nonlinear Rotordynamics, 2nd Enlarged and Revised Ed.", Wiley-VCH, Verlag & Co.KGaA
松下修己・田中正人・神吉博・小林正生 (2009)："回転機械の振動—実用的振動解析の基本—",コロナ社
松下修己・田中正人・小林正生・古池治孝・神吉博 (2012)："続 回転機械の振動—実機の振動問題と振動診断—",コロナ社
三輪修三・下村玄 (1976)："回転機械のつりあわせ",コロナ社
Rao, J.S. (1991): "Rotor Dynamics, 2nd ed.", John Wiley & Sons, Inc.
山本敏男 (1956)："機械力学",共立出版
山本敏男 (1970)："機械力学",朝倉書店
山本敏男・石田幸男 (2001)："回転機械の力学",コロナ社

【10章】
城戸健一 (1987)："ディジタル信号処理入門",丸善出版
佐藤幸男 (1987)："図解メカトロニクス入門シリーズ,信号処理入門",オーム社
長松昭男 編著 (1993)："ダイナミクスハンドブック",朝倉書店
前田渡 (1988)："ディジタル信号処理の基礎",オーム社
三上直樹 (1989)："ディジタル信号処理入門",CQ出版社
南茂夫 編著 (1986)："科学計測のための波形データ処理",CQ出版社
山本敏男・石田幸男 (2001)："回転機械の力学",コロナ社

引用・参考文献

（以下のリストでは，つぎのように略記する）
- 機論 C = 日本機械学会論文集 C 編
- 機講論 = 日本機械学会講演論文集
- J. Mech. Eng. Sci. = Journal of Mechanical Engineering Science
- JSV = Journal of Sound and Vibration
- Phil. Trans. R.S.L. = Philosophical Transactions of the Royal Society of London
- Trans. ASME, J. Appl. Mech. = Transactions of the ASME, Journal of Applied Mechanics
- Trans. ASME, J. Eng. Ind. = Transactions of the ASME, Journal of Engineering for Industry
- Trans. ASME, J. Eng. Gas. Power = Transactions of the ASME, Journal of Engineering for Gas Turbine and Power
- Trans. ASME, J. Trib. = Transactions of the ASME, Journal of Tribology
- Trans. ASME, J. Vib. Acoust. = Transactions of the ASME, Journal of Vibration and Acoustics
- Trans. ASME = Transactions of the American Society of Mechanical Engineers

---

Baker, J. G. (1933): "Self-Induced Vibration", Trans. ASME, J. Appl. Mech., Vol.1, No.1, 5-13

Barger, V. D., Olsson, M. G. (1973): "Classical Mechanics ― A Modern Perspective", McGraw-Hill, Inc. [日本語訳] 戸田・田上 (1975), "力学 ― 新しい視点にたって", 培風館

Bishop, R. E. D. and Gladwell, G. M. L. (1959): "The Vibration and Balancing of an Unbalanced Flexible Rotor", J. Mech. Engrg. Sci., Vol.1, No.1, 66-77

Chao, P. C. -P, Sung, C. -K. and Leu, H.C. (2005): "Effects of Rolling Friction of the Balancing Balls on the Automatic Ball Balancer for Optical Disk Drives", ASME J. of

Tribology, 127, 845-856

Den Hartog, J. P. (1956): "Mechanical Vibration (Fourth Ed.)", McGraw-Hill Book Co.〔日本語訳〕(1960)："機械振動論"，コロナ社，328-329

Dunkerley, S. (1894): "On the Whirling and Vibration of Shaft", Philosophical Transactions of the Royal Society of London, Vol.185, Ser. A, 279-359

Ehrich, F. F. (1992): "Handbook of Rotordynamics", McGraw Hill, Inc., 3.48-3.50

藤井澄二 (1957)："機械力学"，共立出版，2.6節

Horvath, R., Flowers, G. H. and Fausz, J. (2008): "Passive Balancing of Rotor Systems Using Pendulum Balancers", Trans. ASME, J. Vib. Acoust., 130(4), 041011-1/11

伊藤制儀 (1962)："ころがり軸受の音響と振動"，機械設計，6巻12号，30-36

井上順吉・荒木嘉昭・宮浦すが (1967)："振動機械の自己同期化について（第2報，転動回転機構ならびに自動平衡装置)"，機論，33巻246号，206-217

井上順吉・陣内靖介・荒木嘉昭・中原章 (1979)："自動平衡装置（その基礎的な特性)"，機論，45巻394号，646-652

井上順吉・陣内靖介・久保省蔵 (1983)："自動平衡装置（動不つりあいへの適用)"，機論C，49巻448号，2142-2148

Inoue, T, Ishida, Y., Fei, G. and Zahid, H. M. (2011): "Suppression of a Forward Rub in Rotating Machinery by an Asymmetrically Supported Guide", J. Vib. Acoust., Vol.133, 02115-1/9

石田幸男・劉軍 (2004a)："板ばねを利用した回転機械の自励振動の制振，日本機械学会 D&D_Conf 2004，CD-ROM 論文集，512

石田幸男・劉軍 (2004b)："不連続ばね特性を利用した回転機械の制振"，機論C，70巻696号，1-7

Ishida, Y., Hossain, M. Z., Inoue, T. and Yasuda, S. (2004): "Rubbing Due to Contact in the Rotor-Guide System", Proceedings of The Euromech Colloquium 457 on Nonlinear Modes of Vibrating Systems, 61-64

Ishida, Y., Hossain, M. Z. and Inoue, T. (2006): "Analysis and Suppression of Rubbing to Contact in Rotating Machinery", 7th IFToMM Conf. on Rotor Dynamics, CD-Rom

Ishida, Y., Matsuura, T. and Zhang, X. L. (2011): "Efficiency Improvement of an Automatic Ball Balancer", Trans. ASME, J. Vib. Acous., 134(2), 021012-1/10

Jefcott, H. H. (1919): "The Lateral Vibration of Loaded Shafts in the Neighborhood of a Whirling Speed-The Effect of Want of Balance", Philosophical Magagine, Vol. 37, 304-315

陣内靖介・荒木嘉昭・井上順吉・大塚芳臣・譚青 (1993)："自動平衡装置（多数の転動球による静つりあわせおよび過渡応答）"，機論C，59巻557号，79-84

JIS (1992)："回転機械―剛性ロータの釣り合い良さ，JIS0905-1992"，日本規格協会

Kirk, R. G. and Gunter, E. J. (1972): "The Effect of Support Flexibility and Damping on the Synchronous Response of a Single-Mass Flexible Rotor", Trans. ASME, J.Eng. Ind., Vol.94, No.1, 221-232

小出昭一郎 (1980)："力学（7.9節 重力があるときのこまの運動)"，岩波書店

Lindell, H. (1996): "Vibration Reduction on Hand-Held Grinders by Automatic Balancing", Central Euro. J. Public Health, 4, 43-45

Morton, P. G. (1965-66): "On the Dynamics of Large Turbo-Generator Rotors", Proc. Instn. Mech. Engrs., 180-Pt1-12, 295-322

太田博・水谷一樹 (1987)："構造減衰を有する回転軸の自励振動"，機論C，53巻490号，1172-1177

太田博・石田幸男・前田博雅・横井勝彦 (1991)：自動バランサに関する基礎的研究，機講論（第69期全国大会)，29-31

Ormondroyd, J. and Den Hartog, J. P. (1928): "Theory of Dynamic Vibration Absorber", Trans.ASME, Vol.50, 9-22

Prause, R. H., Meacham, H. C., Voorhees, J. E. (1967): "The Design and Evaluation of a Supercritical-Speed Helicopter Power-Transmission Shaft", Trans. ASME, J. Eng. Ind., Vol.84, No.4, 719-728

Rankine, W. J. M. (1869): "On the Centrifugal Force of Rotating Shafts", The Engineer, Vol.27, 249-249

Smith, S.W. (1999): "The Scientist and Engineer's Guide to Digital Signal Processing", Second Edition, California Technical Publishing, San Diego, CA, USA

多々良篤輔 (1971)："玉軸受系の振動と制振"，潤滑，16巻3号，159-166

Tallian, T. E. and Gustafsson, O. G. (1965): "Progress in rolling bearing Vibration Research and Control", ASME Transactions, Vol.8, No.3, 195-207

Thearle, E. L. (1932): "A New Type of Dynamic-Balancing Machine", Trans. ASME, J. of Applied Mechanics, 54(12), 131-141

Timoshenko, S. (1955): "Vibration Problems in Engineering (3rd Ed.)", D. Van Nostrand Company, Inc. [日本語訳] (1956)："工業振動学"，東京図書

戸田盛和 (1980)："コマの科学"，岩波書店，8章

Van de Wouw, N., Van den Heuvel, M. N., Nijmeijer, H. and Van Rooij, J. A. (2005): "Performance of an Automatic Ball Balancer with Dry Friction", Int. J. of

Bifurcation and Chaos, 15(1), 65-82

Wettergren, H. L. (2002): "Using Guided Balls to Auto-Balance Rotors", Trans. ASME, J. Eng. Gas. Power, 971-975

山本敏男 (1954a):"玉軸受の寸法誤差1に基く危険速度について(その1)(軸の危険速度に関する研究第2報)",機論,20巻99号,750-755

山本敏男 (1954b):"玉軸受の寸法誤差に基く危険速度について(その2)(軸の危険速度に関する研究第3報)",機論,20巻99号,755-760

山本敏男 (1956a):"後向き同期歳差運動様式の軸の危険速度について",機論,22巻115号,167-171

山本敏男 (1957):"低速で起こる玉軸受による危険速度",機論,23巻135号,838-841

Yamamoto, T. (1954): "On the Critical Speeds of a Shaft", Memoirs of the Faculty of Engineering, Nagoya University, Vol.6, No.2, 118

Yang, Q., Ong, E. -H., Sun, J., Guo, G. and Lim, S. -P. (2005): "Study on the Influence of Friction in an Automatic Ball Balancing System", JSV, 285, 73-99

Zeller, W. (1949): "Naherumgsverfahren zur bestimmung der beim Durchfahren der Resonanz auftretenden hochstamplitude", MTZ, Vol.10, No.1, 11-12

索　　　引

【あ】

アンチエイリアシングフィルタ　209

【い】

位相スペクトル　193
一面釣合せ　105

【う】

ウォータフォール線図　190
後ろ向きふれまわり運動　19
うなり　187
運動方程式　4
運動量　2

【え】

影響係数　125
影響係数法　123
エイリアシング　208
遠心力　23
円錐モード　90

【お】

オイラー角　45
応答曲線　21
折り返し歪み　208

【か】

外積　36
回転速度　15
回転半径　6
外部摩擦　133
外力　51
角運動量　7, 47
角振動数　15

角速度　15
重ね板ばね　160
慣性系　1, 22
慣性主軸　10
乾性摩擦　129
慣性モーメント　6

【き】

危険速度　21
基本ベクトル　36
逆行列　42
逆フーリエ変換　198
逆離散フーリエ変換　202
キャンベル線図　191
行　38
行ベクトル　39
行列　38
行列式　39
極慣性モーメント　10
許容残留不釣合い　114
許容不釣合い　114

【く】

偶不釣合い　113
クラメルの解法　40
クーロン摩擦　130

【け】

ケルビン・フォークトモデル　134

【こ】

剛性ロータ　104
構造減衰　134
高速フーリエ変換　202
剛体　4

固定軸　5
固有角振動数　16
コリオリの力　23

【さ】

歳差　75
歳差運動　65, 75
サラスの方法　41
サンプリング　200
サンプリング周期　207
サンプリング周波数　207
サンプリング定理　207
残留不釣合い　114

【し】

ジェフコットロータ　15
軸受　93
持続振動　143
質点　1
質点系　51
自動調心性　22
締まりばめ　139
ジャイロ効果　65
ジャイロモーメント　67
自由度　4
周波数スペクトル　193
小行列式　40
章動　75
自励振動　129
振動数方程式　18
振幅スペクトル　193

【す】

スカラー積　35
スクイズフィルムダンパ軸受　166

【せ】

静釣合せ 104
静不釣合い 13
成　分 4, 38

【た】

単位行列 42
単位ベクトル 36
ダンカレーの公式 90
弾性ロータ 104

【ち】

直径に関する慣性モーメント 10

【つ】

釣合い良さ 115
釣合い良さの等級 115
釣合せ 104

【て】

定点理論 163
転置行列 41

【と】

動吸振器 163
動釣合せ 104
動的釣合い試験機 107
動不釣合い 114
トラッキング線図 190

【な】

ナイキスト周波数 207
内　積 35
内部摩擦 133
内　力 51

【に】

二面釣合せ 107
ニュートンの運動の法則 1

【ね】

ねむりごま 74
粘性ダンパ 157

【は】

ハニング窓 209
バランシング 104

【ひ】

比不釣合い 113
標本化 200

【ふ】

複素フーリエ級数 192
複素フーリエ係数 193
不釣合い 113
不釣合いベクトル 113
不釣合い力 14
フーリエ逆変換 198
フーリエ級数 192
フーリエ係数 192
フーリエ変換 198
ふれまわり運動 12
不連続ばね特性 167

【へ】

平行軸の定理 8
平行モード 90
ベクトル 33
ベクトル積 36
偏　角 56
偏重心 12

【ほ】

防振ゴム 158
ボールバランサ 172

【ま】

前向きふれまわり運動 19
窓関数 209

【も】

モード 118
漏れ誤差 209

【ゆ】

有向線分 33

【よ】

余因子 40
余因子展開 41
要　素 38

【ら】

ラビング 145

【り】

リーケージエラー 209
リサージュ図形 187
離散フーリエ級数 200
離散フーリエ変換 202
履歴減衰 134

【れ】

レイリーの方法 90
列 38
列ベクトル 39

【ろ】

ロータ 12

【欧文】

DFS 200
DFT 202
FFT 202
IDFT 202
N面モード釣合せ法 119
$N+2$面モード釣合せ法 123
SFD軸受 166

―― 著者略歴 ――

石田　幸男（いしだ　ゆきお）
1970年　名古屋大学工学部機械工学科卒業
1975年　名古屋大学大学院博士課程修了
　　　　（機械工学専攻）
　　　　工学博士
1975年　名古屋大学助手
1976年　名古屋大学講師
1982年　名古屋大学助教授
1994年　名古屋大学教授
2012年　名古屋大学名誉教授・特任教授
　　　　現在に至る

池田　隆（いけだ　たかし）
1975年　名古屋工業大学工学部機械工学科卒業
1977年　名古屋工業大学大学院修士課程修了
　　　　（生産機械工学専攻）
1977年　名古屋大学助手
1982年　工学博士（名古屋大学）
1989年　名古屋大学講師
1989年　広島大学助教授
1997年　島根大学教授
2009年　広島大学教授
　　　　現在に至る

回転体力学の基礎と制振
Fundamentals of Rotordynamics and Vibration Suppression
　　　　　　　　　　　　　　Ⓒ Yukio Ishida, Takashi Ikeda　2016

2016年5月27日　初版第1刷発行　　　　　　　　　　　　　　★

検印省略	著　者	石　田　幸　男
		池　田　　　隆
	発行者	株式会社　コロナ社
	代表者	牛来真也
	印刷所	萩原印刷株式会社

112-0011　東京都文京区千石4-46-10
発行所　株式会社　コロナ社
CORONA PUBLISHING CO., LTD.
Tokyo Japan
振替 00140-8-14844・電話(03)3941-3131(代)
ホームページ http://www.coronasha.co.jp

ISBN 978-4-339-04645-8　　（金）　（製本：愛千製本所）
Printed in Japan

本書のコピー，スキャン，デジタル化等の
無断複製・転載は著作権法上での例外を除
き禁じられております。購入者以外の第三
者による本書の電子データ化及び電子書籍
化は，いかなる場合も認めておりません。

落丁・乱丁本はお取替えいたします

システム制御工学シリーズ

(各巻A5判，欠番は品切です)

■編集委員長　池田雅夫
■編集委員　足立修一・梶原宏之・杉江俊治・藤田政之

配本順		著者	頁	本体
1.（2回）	システム制御へのアプローチ	大須賀　公二／足立　修　共著	190	2400円
2.（1回）	信号とダイナミカルシステム	足立　修一著	216	2800円
3.（3回）	フィードバック制御入門	杉江　俊治／藤田　政之　共著	236	3000円
4.（6回）	線形システム制御入門	梶原　宏之著	200	2500円
5.（4回）	ディジタル制御入門	萩原　朋道著	232	3000円
6.（17回）	システム制御工学演習	杉江　俊治／梶原　宏之　共著	272	3400円
7.（7回）	システム制御のための数学（1）—線形代数編—	太田　快人著	266	3200円
9.（12回）	多変数システム制御	池田　雅夫／藤崎　泰正　共著	188	2400円
12.（8回）	システム制御のための安定論	井村　順一著	250	3200円
13.（5回）	スペースクラフトの制御	木田　隆著	192	2400円
14.（9回）	プロセス制御システム	大嶋　正裕著	206	2600円
16.（11回）	むだ時間・分布定数系の制御	阿部　直人／児島　晃　共著	204	2600円
17.（13回）	システム動力学と振動制御	野波　健蔵著	208	2800円
18.（14回）	非線形最適制御入門	大塚　敏之著	232	3000円
19.（15回）	線形システム解析	汐月　哲夫著	240	3000円
20.（16回）	ハイブリッドシステムの制御	井村　順一／東　俊一／増淵　泉　共著	238	3000円
21.（18回）	システム制御のための最適化理論	延山　英沢／瀬部　昇　共著	272	3400円
22.（19回）	マルチエージェントシステムの制御	東　俊一／永原　正章　編著	232	3000円
23.（20回）	行列不等式アプローチによる制御系設計	小原　敦美著	264	3500円

以下続刊

8. システム制御のための数学（2） —関数解析編— 　太田　快人著
11. 実践ロバスト制御系設計入門　平田　光男著
10. ロバスト制御理論
　　適応制御　宮里　義彦著

定価は本体価格+税です。
定価は変更されることがありますのでご了承下さい。

図書目録進呈◆

機械設計新教科書シリーズ

(各巻A5判、方眼は出例的です)

■編集委員長　木本恭司
■編集委員　平井三友　兼田楨宏・原　利昭・丸茂榮佑

定価は本体価格＋税です。
定価は変更することがありますのでご了承下さい。

◆図書目録準用書

配本順

No.	書名	著者	頁	定価
1. (12回)	機械工学概論	木本他	司　鐡兼	236 2800円
2. (1回)	機械系の電気工学	濱田	ひさし	188 2400円
3. (20回)	機械工作法（増補）	平井三友・川口雅弘・小山高三	208 2500円
4. (3回)	機械設計法	林 則行	264 3400円
5. (4回)	シスアム工学	井上喜雄	216 2700円
6. (5回)	材料学	岩淵義孝	218 2600円
7. (6回)	プログラミングC	中村一美	218 2600円
8. (7回)	工　　　　計測	中村邦雄	220 2700円
9. (8回)	機械工業の専門基礎	平井他	210 2500円
10. (10回)	電子回路の基礎	木本恵司	184 2300円
11. (9回)	工業数学	中井俊雄・田川	254 3000円
12. (11回)	熱設計工学	窪田佳寛	170 2200円
13. (13回)	電子エレキ・通信技術の工学	大野和夫他	240 2900円
15. (15回)	流体の工学	窪田佳寛他	208 2500円
16. (16回)	精密加工	井上喜雄・早川	200 2400円
17. (17回)	工業管理学	米山 猛	224 2800円
18. (18回)	材料工学	宗像	190 2400円
19. (29回)	材料力学（改訂版）	中村幸吉・岩淵義孝・村上	216 2700円
20. (21回)	機械制御工学	一色尚次他	206 2600円
21. (22回)	自動制御	吉川恒夫・井田	ひさし	176 2300円
22. (23回)	ロボット工学	吉川恒夫・井田他	208 2600円
23. (24回)	振動工学	岩壺卓三他	202 2600円
24. (25回)	流体機械工学	小山 他	172 2300円
25. (26回)	伝熱工学	田中 誠	232 3000円
26. (27回)	材料強度学	平 修二他	200 2600円
27. (28回)	生　産　工　学 —ものづくりマネジメント—	人見勝人	176 2300円
28.	CAD/CAM	望月達也	

◆図書目録掲載書◇

定価は本体価格＋税です。
定価は変更されることがありますのでご了承下さい。

機械系 大学講義シリーズ
（各巻A5判，方眼目皿約刀ぞ刁）

■編集委員会　藤井澄二
■編集委員　臼井英治・大路清嗣・大橋秀雄・岡村弘之、
瀧澤篤夫・下郷太郎・田島清灌・貴孔光燕

	書名	著者	頁数	本体
1. (21回)	材 料 力 学	西谷弘信著	190	2300円
3. (3回)	伝　　熱　　学	岡島・棚澤・松木共著	174	2300円
5. (27回)	材料強度学	大路・中井共著	222	2800円
6. (6回)	複合材料工学	林　一夫著	198	2500円
9. (17回)	コンピュータ援用機械工学	大川・参・山本共著	170	2000円
10. (5回)	塑　性　加　工	三浦・牧・野田共著	210	2300円
11. (24回)	振　　動　　学	下郷・田島共著	204	2500円
12. (26回)	設計製図	岩田仁一等著	244	2800円
13. (18回)	流体力学の基礎 (1)	中林・伊藤・鬼頭共著	186	2200円
14. (19回)	流体力学の基礎 (2)	中林・伊藤・鬼頭共著	196	2300円
15. (16回)	流体機械の基礎	井上・鎌田共著	232	2500円
17. (13回)	工業熱力学 (1)	伊藤・山下共著	240	2700円
18. (20回)	工業熱力学 (2)	伊藤・笹生共著	302	3300円
19. (7回)	内燃機関工学	大・藤・塩江共著	226	2700円
20. (28回)	流　体　工　学	菅原・佐藤共著	218	3000円
21. (14回)	蒸気原動機工学	谷口・工藤共著	228	2700円
22.	原子力エネルギー工学	有沢・秀島・藤共著		
23. (23回)	塑性力学と塑性加工	厳宏・斎藤・大山共著	240	3000円
24. (11回)	冷凍空調工学	大・浜・木幡共著	268	3000円
25. (25回)	工作機械工学 (改訂版)	中・米・峯・驚馬共著	254	2800円
27. (4回)	精密加工工学	中島・帆風・峯井共著	242	2800円
28. (12回)	生産加工学	吉田・中沢共著	210	2500円
29. (10回)	制　御　工　学	須田信英著	268	2800円
30.	計　測　工　学	山本・宮原・菅・日岡共著		
31. (22回)	システム工学	辰本・安井・澤井・新共著	224	2700円